目录

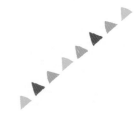

小巧又可爱的儿童毛线衣物，
让人忍不住地想多编织几件。
对于小孩子来说，
只要穿戴上妈妈亲手编织的毛衣和小物件，
再冷的天气也不怕。

日常款式的毛衣

能够每天穿戴的别致服装和小配件。
推荐给活泼且时尚的孩子们。

1

简单大方的菱格
图案套头衫。从宽阔的
领子露出里面衣服的
颜色，给日常穿着带来
无限乐趣。

编织方法 · P34
使用的线 · Hamanaka Wanpakudenis

穿脱都很方便的前开襟马甲，
很适合玩耍时穿着。
永远不过时的条纹图案，
搭配上暖暖的长襟，
非常惹人喜爱的样式组合。

编织方法 · P40
使用的线 · Wanpakudenis

2

既简单又可爱的马甲，
鹿点花样是整体编织的重点。
与小绒球装饰的个性贝雷帽
和围巾非常搭。

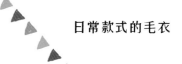

3

编织方法・P42
使用的线・Hamanaka Kawaiiaka chan

4

5

编织方法・作品4/P44 作品5/P45
使用的线・Hamanaka Wanpakudenis

同样的编织花样，
只改变设计就能做出女孩款和
男孩款两种马甲。
女孩款有领子，
并有带着小绒球的蝴蝶结。
男孩款的设计简单而清新。

6

7

编织方法 · 作品6/P37 作品7/P46
使用的线 · Hamanaka Wanpakudenis

推荐给女孩子的钩针编织马甲。
作品8是时尚的套头衫。
作品9上是在成人编织中也
很受欢迎的菠萝花样。

编织方法・作品8/P48 作品9/P52
使用的线・作品8/Hamanaka Koropokkuru
作品9/Hamanaka Wanpakudenis

手编的乐趣在于编织花样

下面我们将给大家介绍一些加入全新设计的
传统花样以及小孩子们喜欢的设计元素。

费尔岛纹的宽松对襟毛衣，
打造清爽感十足的风格。
整体是柔和的粉色，
所以也很容易搭配。

编织方法·P54
使用的线·Hamanaka Wanpakudenis

10

11

明亮的灰色底上点缀着
蓝边的套头毛衣。
编织着蓝色巴士图案的口袋，
可以温暖冻僵的双手，
或者充当秘密的宝物袋……

编织方法·P58
使用的线·Hamanaka Wanpakudenis

中间有个大大的
蘑菇图案的可爱马甲。
底色为深棕色，
反差比较大的配色
显得非常醒目。

12

编织方法·P62
使用的线·Hamanaka Wanpakudenis

鲜艳的底色上点缀活泼的
彩色菱格，环形围脖的设计别致
且实用。活力十足的配色
能让穿戴者立即开心起来。

13

14

编织方法　作品13/P64
　　　　　作品14/P67
完成尺寸　作品14/不限
使用的线　Hamanaka Wanpakudenis

大胆使用了叶子图案的马甲。
粗粗的毛线能打造活泼的效果,
而且是很快就能够织完的款式。

15

16

编织方法 · P18
完成尺寸 · 作品14/不限
使用的线 · Hamanaka Kanadian 3S

用线

Hamanaka Kanadian 3S
15 绿色（6）160g **120g**
　　本白色（1）20g **20g**
16 橙色（11）160g **120g**
　　本白色（1）20g **20g**

其他材料

纽扣（25mm）3颗

用具

Hamanaka Amiami圆头棒针2根 13号

标准针数（10cm²）
上下针编织 12.5针 15.5行
完成尺寸
胸围79cm **71.5cm** 肩宽28.5cm **26.5cm** 身长38.5cm **33.5cm**
编织方法
1. 普通起针，用平针编织、嵌入花样（科维昌编织的方法）、上下针编织成前身片和后身片。
2. 肩部盖针订缝。
3. 缝上纽扣。

110~120cm尺寸=细字
90~100cm尺寸=粗字
只有一种字体时尺寸通用。

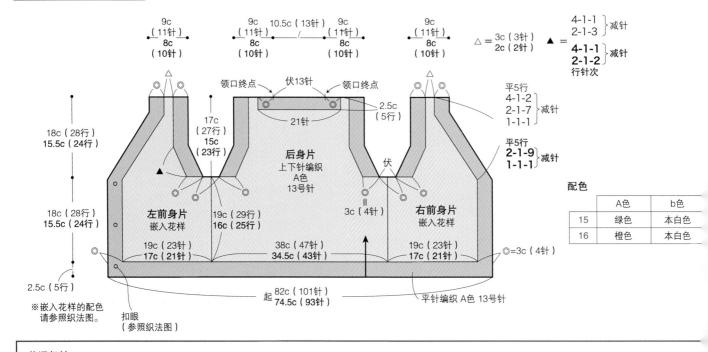

9c
（11针）
8c
（10针）

9c
（11针）
8c
（10针）

10.5c（13针）

9c
（1针）
8c
（10针）

9c
（11针）
8c
（10针）

△ = 3c（3针）
　　2c（2针）

▲ =

4-1-1
2-1-3 }减针
4-1-1
2-1-2 }减针
行针次

领口终点　伏13针　领口终点

2.5c
（5行）

21针

17c
（27行）
15c
（23行）

18c（28行）
15.5c（24行）

后身片
上下针编织
A色
13号针

伏

平5行
4-1-2
2-1-7 }减针
1-1-1

平5行
2-1-9 }减针
1-1-1

18c（28行）
15.5c（24行）

▲

左前身片
嵌入花样

19c（29行）
16c（25行）

右前身片
嵌入花样

3c（4针）

配色

	A色	b色
15	绿色	本白色
16	橙色	本白色

19c（23针）
17c（21针）

38c（47针）
34.5c（43针）

19c（23针）
17c（21针）

◎=3c（4针）

2.5c
（5行）

起 82c（101针）
74.5c（93针）

平针编织 A色 13号针

※嵌入花样的配色
请参照织法图。

扣眼
（参照织法图）

普通起针

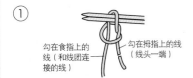
① 从线头取织针宽度的3~4倍，在此处做1个圈，从线圈中将线拉出，挂在2根棒针上。此为第1针。

勾在食指上的线（和线团连接的线）
勾在拇指上的线（线头一端）

② 用左右手的食指和拇指勾线，其余的手指将线压住。右手食指压住第1针。

③ 按照箭头方向插入棒针，勾起拇指正面的线。

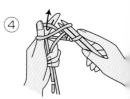
④ 按照箭头方向插入棒针，起食指上的线。

⑤ 将食指上的线拉到近前，从拇指的圈中拉出。

⑥ 将拇指上的线放开。

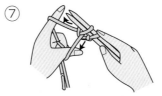
⑦ 从背面将拇指勾在上1步放开的线上，将线拉出。重复步骤③~⑦。

⑧ 织好所需的针数后拔出1根棒针。此起针便是1行。

90~100cm的前后身片织法图

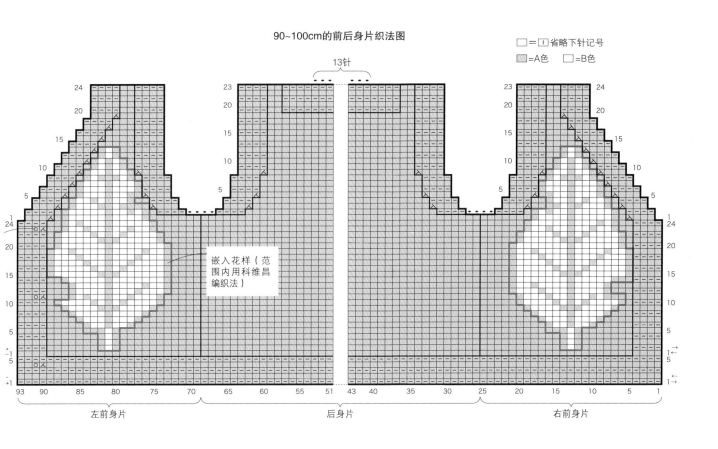

嵌入花样（范围内用科维昌编织法）

左前身片　　后身片　　右前身片

110~120cm的前后身片织法图

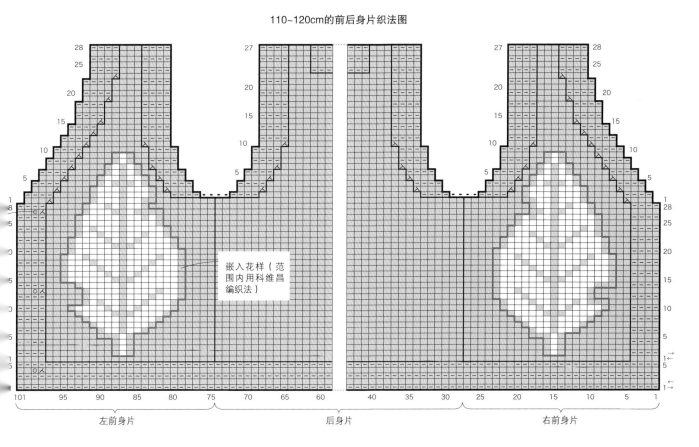

嵌入花样（范围内用科维昌编织法）

左前身片　　后身片　　右前身片

17

用粗呢型的线编织阿伦花样

真正的阿伦花样毛衣编织起来可能有一定的难度，但如果只是加入少许的阿伦风元素，即使是初学者也能轻松上手。如果用粗呢型的线来编织，整体的效果会更好。

运用了扭花花样、球状花样
和鹿点花样等
各种元素的可爱套头毛衣。
无论是男孩还是女孩都非常推荐。

编织方法·P72
使用的线·Hamanaka Arantweed

18

立体感十足的花样
看上去饱满又暖和，
大颗的纽扣起到了画龙点睛的作用。
可以当做外套穿的一款开襟毛衣。

编织方法 · P68
使用的线 · Hamanaka Arantweed

清爽简单的扭花花样带帽马甲，
很适合活泼好动的小男孩。
这是一个基本款的单品，
而且很好搭配衣服。

编织方法 · P75
使用的线 · Hamanaka Arantweed

温暖、时尚的
斗篷和小配件

很容易搭配出彩的斗篷和小配件，
同时兼备防寒的功能，是不可多得
的时尚兼实用单品。请一定要织给
孩子穿。

编织方法・P81
完成尺寸・110~120cm
使用的线・Hamanaka Wanpakudenis

21

穿上带帽的斗篷，
就仿佛成为了
童话王国的主人公一样。
扭花花样和平针编织的
组合非常棒。

22

编织方法 · P78
完成尺寸 · 作品22/不限
　　　　　作品23/90~100cm
使用的线 · Hamanaka Wanpakudenis

23

专门为身材娇小的
小女孩准备的可爱尖帽子和
高领斗篷。有了这两个配件，
立刻就能跟北风先生
成为好朋友。

围巾和手套上的
镂空花纹和钩针编出的
花边显得非常甜美。
颜色当然要选女孩子们
最喜欢的粉色。

编织方法·作品24/P31
　　　　作品25/P30
完成尺寸·作品24/不限
　　　　作品25/S·M
使用的线·Hamanaka Wanpakudenis

24

25

26

27

灰色与蓝色的搭配
给人很酷的感觉。
平时顽皮好动的孩子戴上之后，
也会显得稍微成熟一些。

编织方法·作品26/P30
　　　　作品27/P31
完成尺寸·作品26/S・M
　　　　作品27/不限
使用的线·Hamanaka Wanpakudenis

25、26

用线
Hamanaka Wanpakudenis
25 粉色（5）25g **22g**
　本白色（2）5g
26 蓝色（57）15g **14g**
　浅咖啡色（58）15g **14g**

用具
25 Hamanaka Amiami圆头棒针4根 7号
　　Hamanaka Amiami双头钩针RakuRaku 6/0号
26 Hamanaka Amiami圆头棒针4根 7号

标准针数（10cm²）
花样编织 19针 26行

完成尺寸
掌围16cm

编织方法
1. 普通起针，用单罗纹编织、花样编织环形编织，编织终点用上下针收针。中途在拇指位置将其他线编入。
2. 将拇指位置的其他线解开进行挑针，用上下针编织完成拇指，拧针收针。
3. 只有作品25进行缘编织。

配色

	a色	b色
25	粉色	本白色
26	蓝色	浅咖啡色

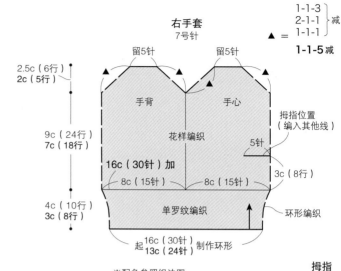

右手套
7号针

留5针　　留5针

1-1-3
2-1-1　减
1-1-1
▲ =
1-1-5减

2.5c（6行）
2c（5行）

手背　　手心

花样编织

拇指位置
（编入其他线）

5针

9c（24行）
7c（18行）

16c（30针）加

3c（8行）

8c（15针）　8c（15针）

单罗纹编织

4c（10行）
3c（8行）

环形编织

起16c（30针）制作环形
13c（24针）制作环形

※配色参照织法图。
※左手套和右手套左右对称地进行编织。

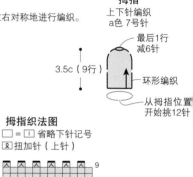

拇指
上下针编织
a色 7号针

最后1行
减6针

3.5c（9行）

环形编织

从拇指位置
开始挑12针

拇指织法图
□=囗 省略下针记号
囚=扭加针（上针）

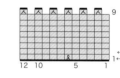

9
12　10　　5　　1

收尾方法

上下针收针

拧针收针

只有25
缘编织b色
6/0钩针

0.5c
（1行）

15个花样
12个花样 挑针

25 右手套织法图
□=囗 省略下针记号
■=粉色
▷=连线

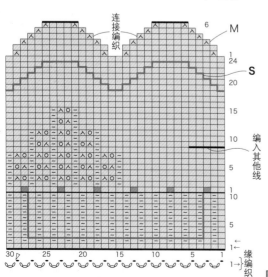

连接编织

6 M
1
24 S
20
15
10 编入其他线
5
1
10
5
1← 缘编织

30　25　　20　　15　　10　　5　　1

26右手套织法图
□=囗 省略下针记号
□=蓝色
■=浅咖啡色

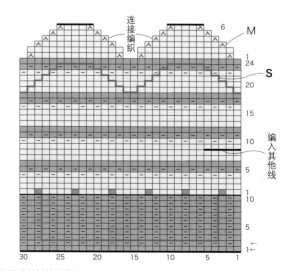

连接编织

6 M
1
24 S
20
15
10 编入其他线
5
1
10
5
1←

30　25　　20　　15　　10　　5　　1

■=S尺寸时囚（扭加针）编织
（M尺寸时囗（下针）编织）

线

manaka Wanpakudenis
色（5）40g
白色（2）5g

具

manaka Amiami圆头棒针2根 7号
manaka Amiami双头钩针RakuRaku 6/0号

准针数（10cm²）

样编织 19针 26行

完成尺寸

宽16cm 长63.5cm

编织方法

1. 普通起针，用花样编织制作围巾。
2. 用单罗纹编织制作通过口，伏针收针。
3. 进行缘编织。
4. 将通过口对折，缭缝在背面位置。

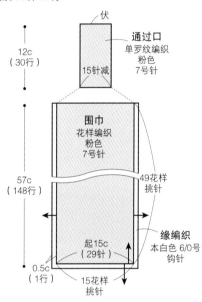

伏
通过口
单罗纹编织
粉色
7号针
15针减

12c（30行）

围巾
花样编织
粉色
7号针

57c（148行）

49花样挑针

缘编织
本白色 6/0号钩针

起15c（29针）

15花样挑针

0.5c（1行）

围巾的织法图

□ = 国 省略下针记号

一边进行单罗纹编织一边伏针收针

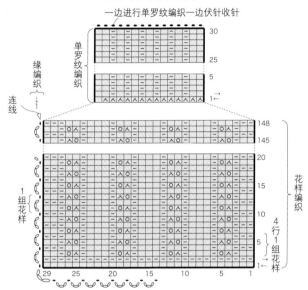

缘编织
连线
单罗纹编织
花样编织
1组花样
4行1组花样

30 25 5 1
148 145 20 15 10 5 1
29 25 20 15 10 5 1

收尾方法

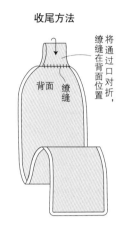

将通过口对折，缭缝在背面位置
背面
缭缝

线

manaka Wanpakudenis
（57）100g
咖啡色（58）30g

具

manaka Amiami圆头棒针4根 7号
manaka Amiami双头钩针RakuRaku 6/0号
针用

准针数（10cm²）

样编织 19针 24行

成尺寸

cm 长104.5cm（含绒球）

织方法

线起针，用花样编织制作环形围巾，拧针
针。
开起针的同时挑针，拧针收针。
作出绒球，固定在围巾两端。

留54针
围巾
花样编织
7号针
环形编织

※配色参考织法图。

92.5c（222行）

起28c（54针），做成环形

收尾方法

绒球（直径60c，蓝色和浅咖啡色各卷100次）

解开起针的同时挑针，拧针收针

在编织终点拧针收针

围巾织法图

□ = 国 省略下针记号
□ = 蓝色　■ = 浅咖啡色

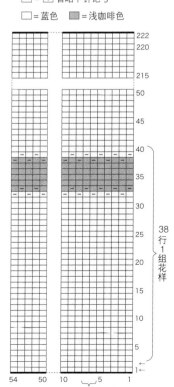

222 220 215 50 45 40 35 30 25 20 15 10 5 1

38行1组花样

54 50 10 5 1

2针1个花样

介绍本书所用的线

※ 照片为实物大小。

1 Hamanaka Wanpakudenis
腈纶70% 羊毛30%（使用防缩加工羊毛）50g
团型（约120m）色数31色
适用针：棒针6~7号、钩针5/0号

2 Hamanaka Koropokkuru
羊毛40% 腈纶30% 尼龙30% 25g
团型（约92m）色数20色
适用针：棒针3~4号、钩针3/0号

3 Hamanaka Arantweed
羊毛90% 腈纶10% 40g
团型（约82m）色数13色
适用针：棒针8~10号、钩针8/0号

4 Hamanaka chan
腈纶60% 羊毛40%（美利奴羊毛）
40g 团型（约105m）色数14色
适用针：棒针5~6号、钩针5/0号

5 Hamanaka Kanadian 3S
羊毛100% 100g 团型（约102m）色数15色
适用针：棒针13~15号、钩针10/0号

编织开始前

尺寸的方法

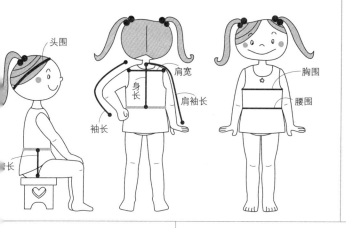

头围

肩宽
身长
肩袖长

胸围

袖长

腰围

长

儿童的参考尺寸表（单位=cm）

尺寸 \ 名称	服装 \ 小物件	90～100cm \ S	110～120cm \ M
身高		85～105	105～125
胸围		45～55	53～64
身长		26～27	28～29
肩宽		24.5～26.5	28.5～29
袖长		28～31.5	35～40
头围		50～54	54～55

本书中的作品都是以上述尺寸表为基础做成的。根据各个设计的不同，每件衣服的宽松程度也不同，请选择自己喜欢的尺寸。

针数

"准针数"表示织片的密度，即10cm见正方形中的针数和行数。标准针数会根据织者手部力度的不同而发生变化，因此用试织来测量自己的标准针数。

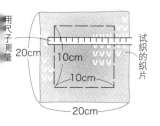

用尺子测量

20cm

10cm

10cm

20cm

试织的织片

以不把织针压扁的力度用蒸汽熨斗轻轻熨烫，数中间边长10cm的正方形中的针数和行数。

本书中针数、行数多（织针紧）时换粗针，少（织针松）时换细针，以此来调节。

版型图的解读

110~120cm尺寸=细字
90~100cm尺寸=粗字
只有一种字体时尺寸通用。

版型图内的细字为110~120cm的尺寸，粗字为90~100cm的尺寸，只有一个字体时为通用。

袖窿的减针
（110~120cm）
每2行减4针减1次，
每2行减3针减1次，
每2行减2针减1次，
每2行减1针减3次，
每8行减1针减1次，
（90~100cm）
每2行减2针减3次，
每2行减1针减3次，
每8行减1针减1次，
减针编织

花样编织要用5号针编织

省略语

c＝cm	起＝起针	加＝加针	减＝减针
伏＝伏针	留＝留针	平＝不加减针进行编织	

肩上的针要伏针收针

6.5c（13针）   6.5c（13针）
5.5c（11针）   5.5c（11针）

←12c（24针）→

对应指定标准针数尺寸的针数

▲ = 2-1-1
2-2-2 减
2-3-1

掩襟
花样编织
5号针

2.5c（8行）

伏   伏

伏8针

▲

2.5c（8行）

8-1-1
2-1-3
2-2-1   减
2-3-1
2-4-1

8-1-1
2-1-3   减
2-2-3
行针次

16c（52行）
13.5c（44行）

尺寸的对应指定标准针数

对应指定标准针数尺寸的行数

后身片
花样编织
5号针

标示编织方向箭头
从下摆向肩部进行编织。

22.5c（74行）
20c（66行）

起 38c（76针）
33c（66针）

100～120cm起76针，90～100cm起66针

织法图的解读

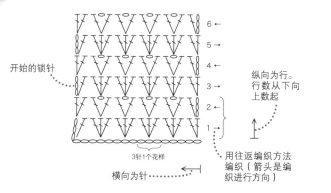

开始的锁针

6 ←
5 →
4 ←
3 →
2 ←
1 →

纵向为行。
行数从下向上数起

3针1个花样

横向为针

用往返编织方法编织（箭头是编织进行方向）

棒针织法图的解读

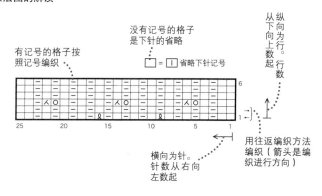

有记号的格子按照记号编织

没有记号的格子是下针的省略

□ = □ 省略下针记号

从纵向下向上为行，行数

25 20 15 10 5 1

6

1

横向为针。针数从右向左数起

用往返编织方法编织（箭头是编织进行方向）

用线

Hamanaka Wanpakudenis
浅咖啡色（58）200g 165g

其他材料

纽扣（18mm）3颗

用具

Hamanaka Amiami圆头棒针2根 7号、6号
Hamanaka Amiami双头钩针RakuRaku 5/0号（接袖子用）

标准针数（10cm²）

花样编织 19针 24.5行

完成尺寸

胸围79cm 70cm 肩宽32.5cm 26cm 身长40.5cm 37cm 袖长34cm 3

编织方法

1. 普通起针，用单罗纹编织、花样编织完成前身片、后身片和袖子。
2. 右肩部盖针订缝。
3. 用单罗纹编织和上下针编织制作领子，伏针收针。
4. 两肋、袖下挑针接缝。
5. 将袖子用引拔针缝合到前后身上。
6. 缝上纽扣。

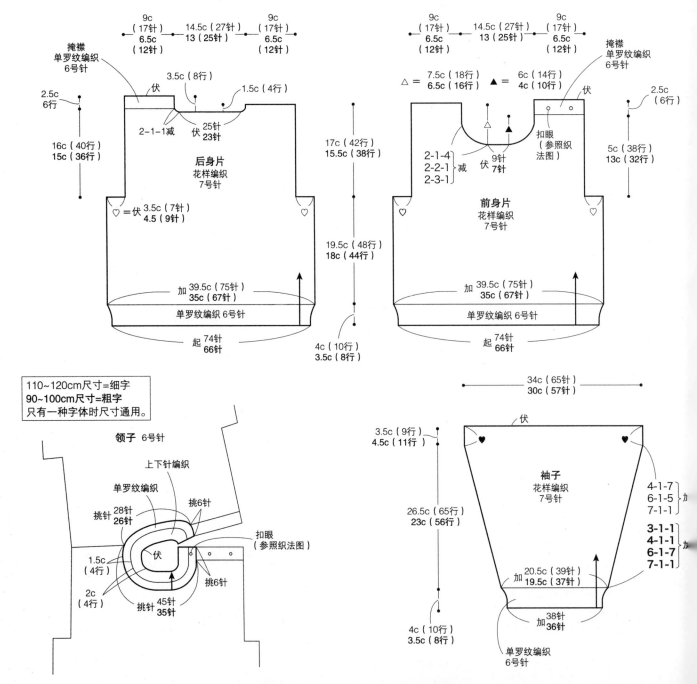

110~120cm尺寸=细字
90~100cm尺寸=粗字
只有一种字体时尺寸通用。

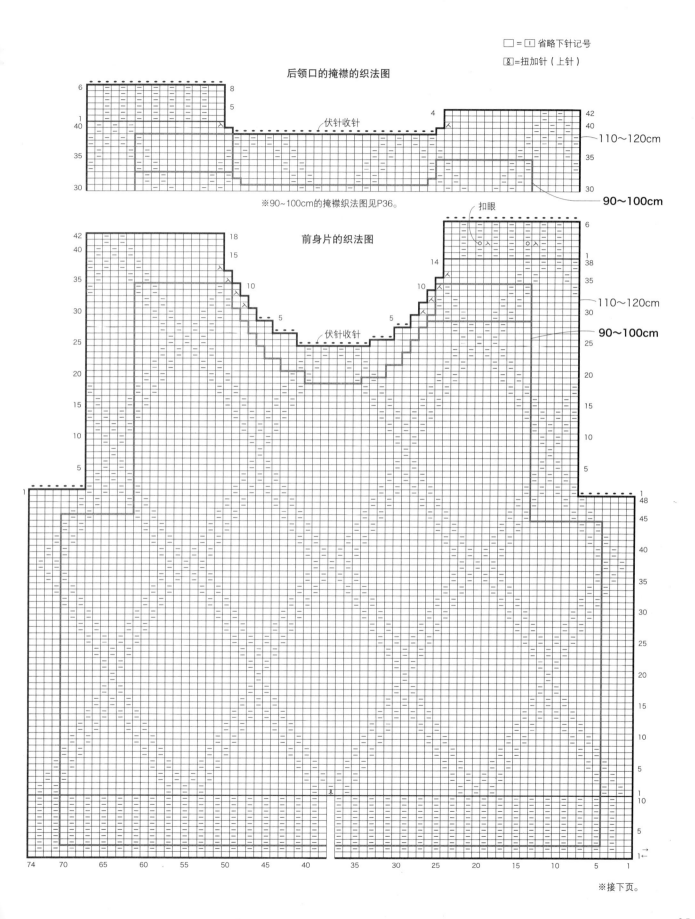

□ = Ⅰ 省略下针记号

☒ = 扭加针（上针）

后领口的掩襟的织法图

伏针收针

※90~100cm的掩襟织法图见P36。

110~120cm

90~100cm

前身片的织法图

扣眼

伏针收针

110~120cm

90~100cm

※接下页。

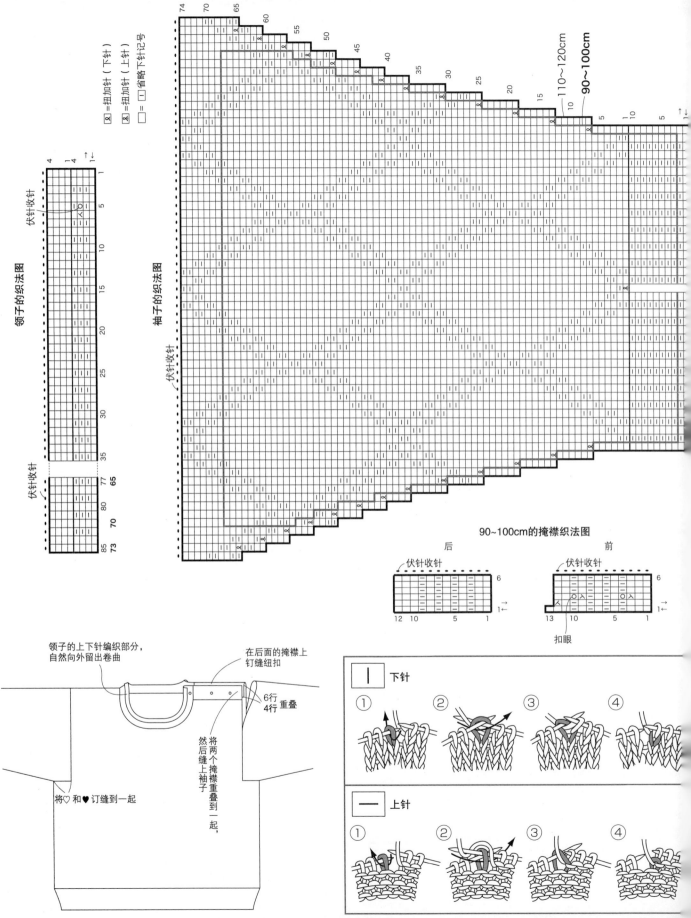

領子的織法圖

袖子的織法圖

90~100cm的掩襟織法圖

后　前

下針

上針

用线
amanaka Wanpakudenis
色（55）170g **140g**
红色（38）30g **25g**

具
amanaka Amiami双头钩针RakuRaku 5/0号

准针数（10cm²）
样编织 19针 9行

完成尺寸
胸围74cm **68cm** 肩宽29cm **26cm** 身长37.5cm **31.5cm**

编织方法
1. 锁针起针，用花样编织A来制作前身片和后身片。
2. 肩部用卷针订缝，两肋用锁针和引拔针接缝。
3. 从前后身片挑针，用花样编织B来制作领子。
4. 领子边缘部分进行缘编织A。中途编织出绳子。
5. 袖窿和下摆部分进行缘编织B。
6. 做出绒球，固定到绳子前端。

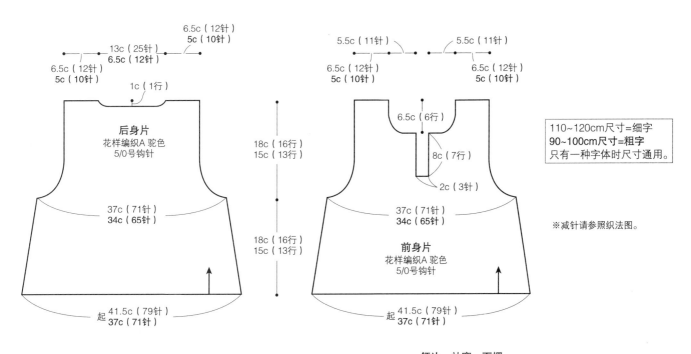

后身片
花样编织A 驼色
5/0号钩针

6.5c（12针）
5c（10针）

13c（25针）
6.5c（12针）

6.5c（12针）
5c（10针）

1c（1行）

18c（16行）
15c（13行）

37c（71针）
34c（65针）

18c（16行）
15c（13行）

起 41.5c（79针）
37c（71针）

前身片
花样编织A 驼色
5/0号钩针

5.5c（11针）

5.5c（11针）

6.5c（12针）
5c（10针）

6.5c（12针）
5c（10针）

6.5c（6行）

8c（7行）

2c（3针）

37c（71针）
34c（65针）

起 41.5c（79针）
37c（71针）

110~120cm尺寸=细字
90~100cm尺寸=粗字
只有一种字体时尺寸通用。

※减针请参照织法图。

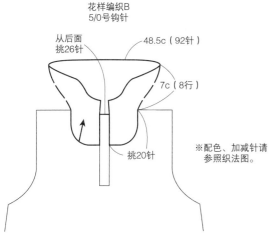

领子
花样编织B
5/0号钩针

从后面
挑26针

48.5c（92针）

7c（8行）

挑20针

※配色、加减针请
参照织法图。

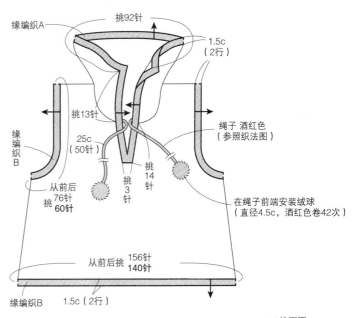

领边、袖窿、下摆
酒红色 5/0号钩针

缘编织A
挑92针

1.5c（2行）

挑13针

缘编织
B

25c（50针）

绳子 酒红色
（参照织法图）

挑14针

挑3针

从前后
挑76针
60针

在绳子前端安装绒球
（直径4.5c，酒红色卷42次）

从前后挑 156针
140针

缘编织B 1.5c（2行）

※接下页

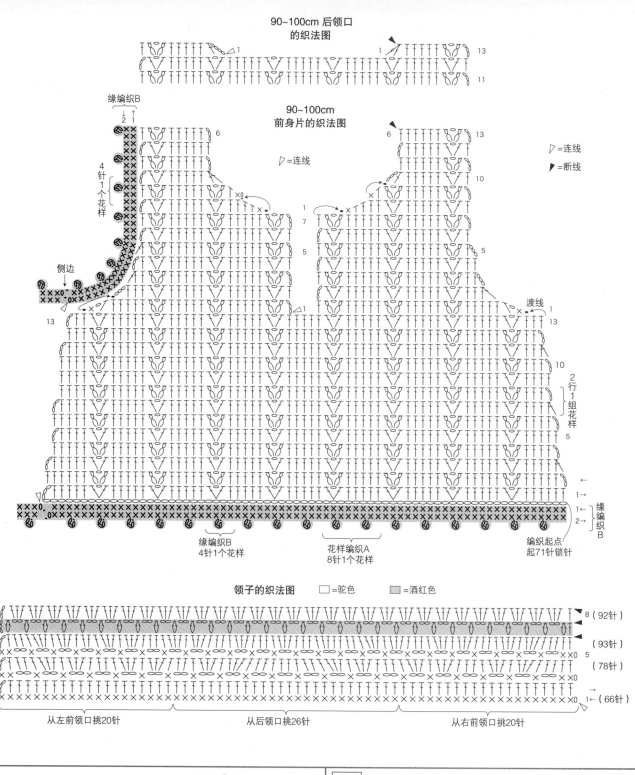

90~100cm 后领口
的织法图

90~100cm
前身片的织法图

▷=连线

缘编织B

4针1个花样

侧边

▷=连线

▷=连线
▶=断线

渡线

2行1组花样

缘编织B

缘编织B
4针1个花样

花样编织A
8针1个花样

编织起点
起71针锁针

领子的织法图   □=驼色   ▨=酒红色

8 (92针)
(93针)
5 (78针)
1 (66针)

从左前领口挑20针

从后领口挑26针

从右前领口挑20针

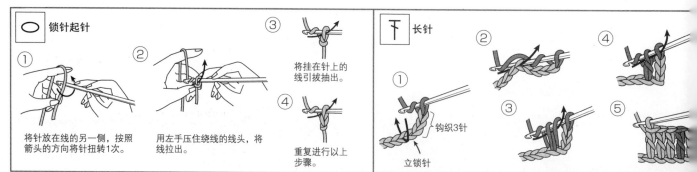

○ 锁针起针

① 将针放在线的另一侧，按照箭头的方向将针扭转1次。

② 用左手压住绕线的线头，将线拉出。

③ 将挂在针上的线引拔抽出。

④ 重复进行以上步骤。

T 长针

① 钩织3针 立锁针

② ③ ④ ⑤

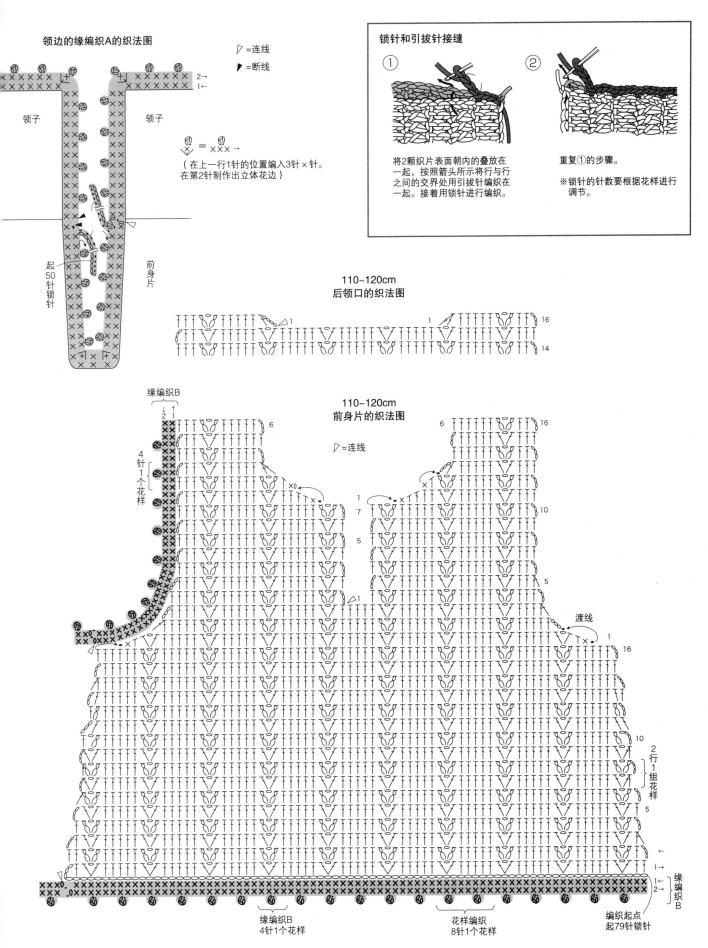

领边的缘编织A的织法图

▷ =连线
▶ =断线

$\begin{array}{c}\text{领子}\end{array}$

$\begin{array}{c}\text{领子}\end{array}$

= ×××→

（在上一行1针的位置编入3针×针。
在第2针制作出立体花边）

锁针和引拔针接缝

① ②

将2颗织片表面朝内的叠放在一起，按照箭头所示将行与行之间的交界处用引拔针编织在一起。接着用锁针进行编织。

重复①的步骤。

※锁针的针数要根据花样进行调节。

起50针锁针

前身片

110~120cm
后领口的织法图

16

14

110~120cm
前身片的织法图

▷ =连线

缘编织B

4针1个花样

渡线

2行1组花样

缘编织B
4针1个花样

花样编织
8针1个花样

编织起点
起79针锁针

缘编织B

用线

Hamanaka Wanpakudenis
酒红色（38）85g 75g
浅灰色（34）75g 65g

其他材料

纽扣（15mm）3颗

用具

Hamanaka Amiami圆头棒针2根 6号、5号
Hamanaka Amiami棒针4根 5号

标准针数（10cm²）

花样编织 20针 26行

完成尺寸

胸围77.5cm 67.5cm 肩宽33.5cm 28.5cm 身长42cm 37cm

编织方法

1. 普通起针，用单罗纹编织、花样编织来制作后身片、左右前身片。
2. 肩部盖针订缝。两肋挑针接缝。
3. 用单罗纹编织制作领子，用单罗纹编织收针。
4. 用单罗纹编织制作出袖窿，用单罗纹编织收针。
5. 安装上绒球。

110~120cm尺寸=细字
90~100cm尺寸=粗字
只有一种字体时尺寸通用。

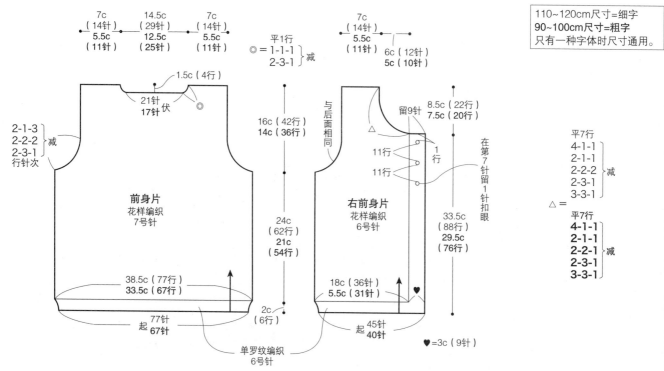

※左前身片和右前身片进行左右对称的编织。
※配色请参照织法图。

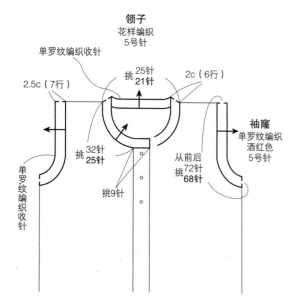

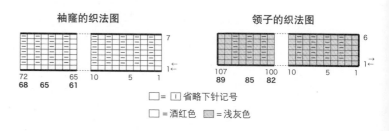

袖窿的织法图　领子的织法图

□=□省略下针记号
□=酒红色　■=浅灰色

条状花纹的换线方法

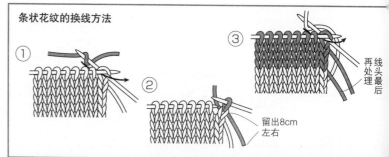

留出8cm左右

再线处理最后

右前身片的织法图　　　　　　　　　　　　　　　　　　左前身片的织法图

□ = □ 省略下针记号
□ = 酒红色　■ = 浅灰色

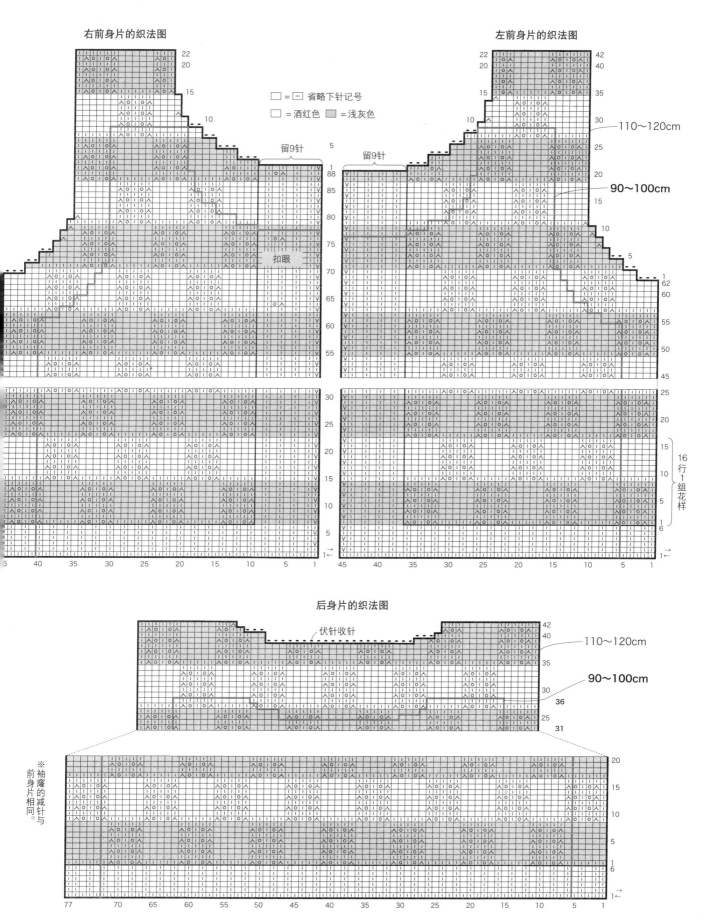

留9针　　　　留9针

扣眼

110～120cm

90～100cm

16行1组花样

后身片的织法图

伏针收针

110～120cm

90～100cm

※袖窿的减针与前身片相同。

41

用线
Hamanaka chan
浅棕色（25）155g **120g**

其他材料
纽扣（18mm）4颗

用具
Hamanaka Amiami圆头棒针2根 5号
Hamanaka Amiami双头钩针RakuRaku 5/0号

标准针数（10cm²）
花样编织 20针 33行

完成尺寸
胸围76cm **66cm** 肩宽28cm **26cm** 身长40cm **35cm**

编织方法
1. 普通起针，用花样编织完成前身片、后身片。
2. 两肋挑针接缝。
3. 用缘编织制作袖隆、肩部、领子和下摆。
4. 缝上纽扣。

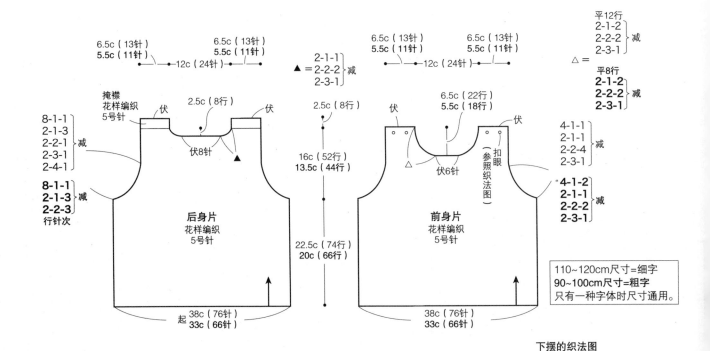

110~120cm尺寸=细字
90~100cm尺寸=粗字
只有一种字体时尺寸通用。

下摆的织法图

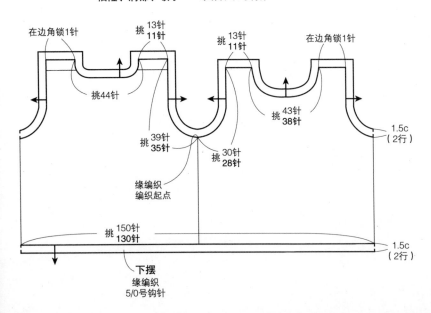

袖隆、肩部、领子　缘编织 5/0号钩针

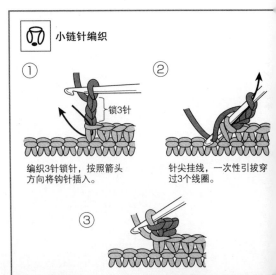

小链针编织

① 编织3针锁针，按照箭头方向将钩针插入。

② 针尖挂线，一次性引拔穿过3个线圈。

③

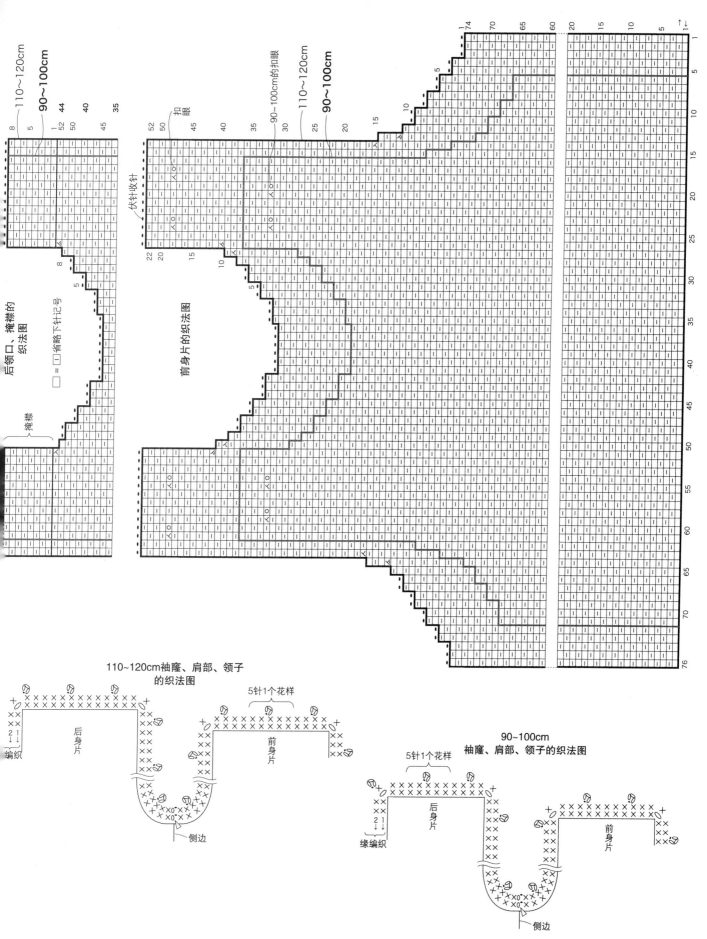

用线

Hamanaka Wanpakudenis
深红色（15）90g
浅黄色（3）20g
绿色（46）20g

用具

Hamanaka Amiami棒针4根 8号
扭花针

标准针数（10cm²）

花样编织 28针 26行

完成尺寸

宽8cm 长103.5cm（含绒球）

编织方法

1.普通起针，用花样编织制作环形围巾，编织完之后拧针收针。
2.在第1行的所有针中穿线，然后收紧。
3.制作出绒球，安装在围巾两端。

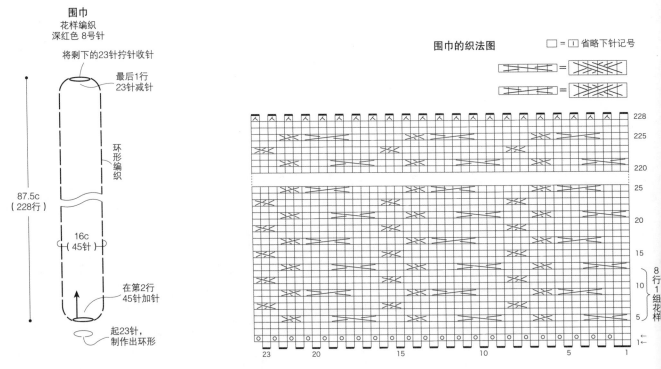

围巾
花样编织
深红色 8号针

将剩下的23针拧针收针

最后1行
23针减针

环形编织

87.5c
（228行）

16c
（45针）

在第2行
45针加针

起23针，
制作出环形

围巾的织法图　　□ = □ 省略下针记号

8行1组花样

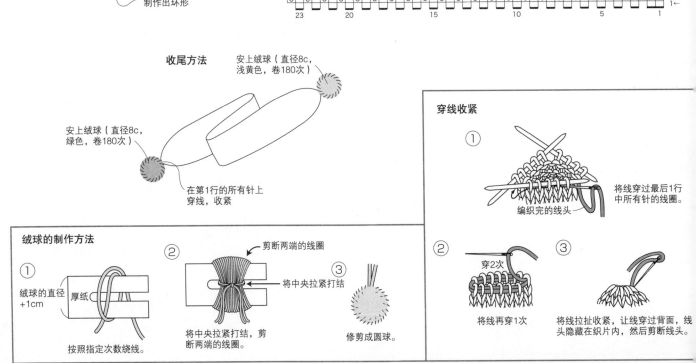

收尾方法

安上绒球（直径8c，
浅黄色，卷180次）

安上绒球（直径8c，
绿色，卷180次）

在第1行的所有针上
穿线，收紧

穿线收紧

① 将线穿过最后1行
中所有针的线圈

编织完的线头

② 穿2次　将线再穿1次

③ 将线拉扯收紧，让线穿过背面，线
头隐藏在织片内，然后剪断线头

绒球的制作方法

① 绒球的直径
+1cm

厚纸

按照指定次数绕线。

② 剪断两端的线圈

将中央拉紧打结

将中央拉紧打结，剪
断两端的线圈。

③ 修剪成圆球。

用线

Hamanaka Wanpakudenis

深红色（15）55g

浅黄色（3）10g

绿色（46）8g

本白色（2）3g

其他材料

平松紧带（4mm宽、黑色）60cm

别针（25mm）4个

用具

Hamanaka Amiami棒针4根 8号、6号

Hamanaka Amiami双头钩针RakuRaku 5/0号（起针用） 扭花针

标准针数（10cm²）

花样编织 28针 26行

完成尺寸

头围 参照图

编织方法

1. 另线起针，用双罗纹编织进行环形编织，编织10行制作出帽子口。解开起针的同时挑针，将第10行的针和挑出的针进行2针并1针的编织。

2. 继续用花样编织制作贝雷帽，编织完毕进行拧针收针。

3. 制作出绒球，用别针别在贝雷帽上。

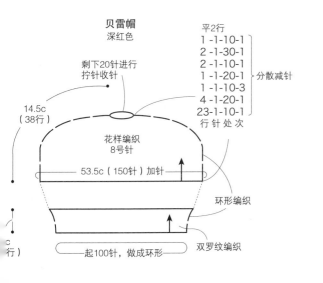

贝雷帽
深红色

剩下20针进行拧针收针

14.5c（38行）

花样编织 8号针

53.5c（150针）加针

环形编织

起100针，做成环形

双罗纹编织

平2行			
1	-1	-10	-1
2	-1	-30	-1
2	-1	-10	-1
1	-1	-20	-1
1	-1	-10	-3
4	-1	-20	-1
23	-1	-10	-1
行	针	处	次

分散减针

收尾方法

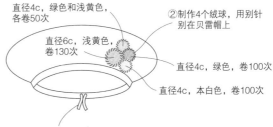

直径4c，绿色和浅黄色，各卷50次

直径6c，浅黄色，卷130次

②制作4个绒球，用别针别在贝雷帽上

直径4c，绿色，卷100次

直径4c，本白色，卷100次

用平松紧带穿过双罗纹编织部分，绕帽子一周后打结（加入松紧带的状态下，头围是50cm左右）

※头围请按照孩子头部的尺寸进行调整。 只要不是松松垮垮的状态，不用穿松紧带也可以。

双罗纹编织的第11行的编织方法

① 编到第10行后解开起针，将针挑到其他棒针上。

第10行

解开起针后挑出的针

② 按照箭头方向，将第10行上的针与①中挑上的针进行2针并1针的编织。

解开起针后挑出的针

第10行

正面　背面

贝雷帽的织法图

□ = ① 省略下针记号

花样编织 1个花样

花样编织

双罗纹编织

双罗纹编织 4针1个花样

用线

Hamanaka Wanpakudenis
驼色（55）150g **110g**

其他材料

纽扣（18mm）1颗

用具

Hamanaka Amiami双头钩针RakuRaku 5/0号

标准针数（10cm²）

花样编织 19针 9行

完成尺寸

胸围74cm **68cm** 肩宽29cm **26cm** 身长37.5cm **31.5cm**

编织方法

1. 锁针起针，用花样编织来制作前身片、后身片。
2. 肩部用卷针订缝，两肋用锁针和引拔针接缝。
3. 领口部分进行短针编织和缘编织A。
4. 袖窿和下摆部分进行缘编织B。
5. 钉缝纽扣。

110~120cm尺寸=细字
90~100cm尺寸=粗字
只有一种字体时尺寸通用。

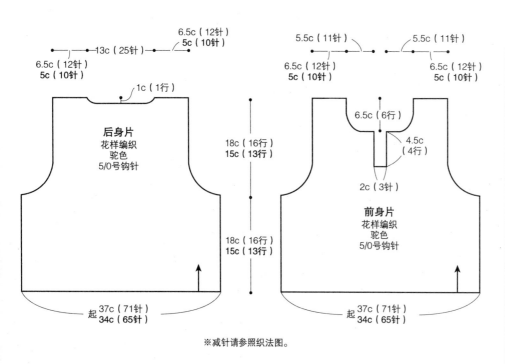

后身片
花样编织
驼色
5/0号钩针

6.5c（12针）
5c（10针）
13c（25针）
6.5c（12针）
5c（10针）
1c（1行）
18c（16行）
15c（13行）
18c（16行）
15c（13行）
起 37c（71针）
34c（65针）

※减针请参照织法图。

前身片
花样编织
驼色
5/0号钩针

5.5c（11针）
5.5c（11针）
6.5c（12针）
5c（10针）
6.5c（12针）
5c（10针）
6.5c（6行）
4.5c（4行）
2c（3针）
起 37c（71针）
34c（65针）

中长针3针的变化枣形针

① 在上1行相同的针数上，钩织3针未完成的中长针，针尖挂线，按照箭头所示将中长针进行引拔钩织。

第1针
第2针
第3针

② 针头挂线，按照箭头所示穿过2个线圈进行引拔编织。

③ 中长针3针的变化枣形针完成。

※指钩织2针未完成的中长针，操作方法同上。

领口、袖窿、下摆 5/0号钩针

缘编织A 藏蓝
短针 驼色
1.5c（2行）
0.5c（1行）
缘编织B 藏蓝
1.5c（2行）
挑3针
扣眼（参照织法图）
1.5c（2行）
从前后挑76针 60针
从前后挑140针 128针
1.5c（2行）
缘编织B 藏蓝

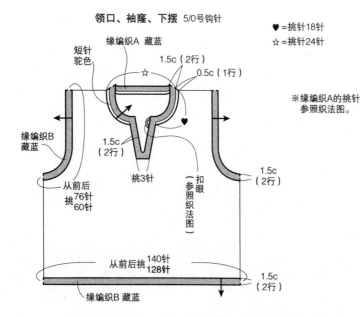

♥=挑针18针
☆=挑针24针

※缘编织A的挑针参照织法图。

领口的短针和缘编织A的织法图

肩线
缘编织A 3针1个花样
缘编织A 扣眼
短针
短针编织的起点
缘编织A的起点

℗ = ×××←
上1行的1针上编织3针×针。
在第2针上制作环形花边。

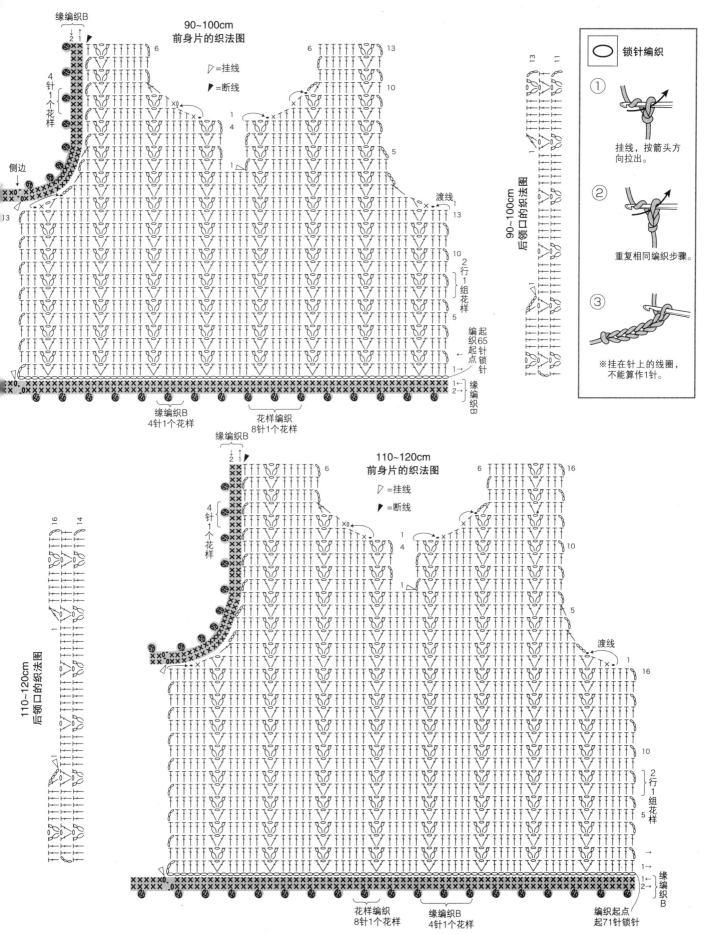

缘编织B

90~100cm
前身片的织法图

▽=挂线
◤=断线

缘编织B
4针1个花样

花样编织
8针1个花样

起编织65针锁针起点

缘编织B

渡线

侧边

2行1组花样

90~100cm
后领口的织法图

锁针编织

① 挂线,按箭头方向拉出。

② 重复相同编织步骤。

③ ※挂在针上的线圈,不能算作1针。

110~120cm
前身片的织法图

▽=挂线
◤=断线

缘编织B
4针1个花样

花样编织
8针1个花样

渡线

2行1组花样

缘编织B

110~120cm
后领口的织法图

编织起点
起71针锁针

47

用线
Hamanaka Koropokkuru
红色（7）130g **110g**

其他材料
纽扣（18mm）1颗 纽扣（13mm）1颗

用具
Hamanaka Amiami双头钩针RakuRaku 4/0号

标准针数（10cm²）
花样编织 25针 10行

完成尺寸
胸围78cm **65cm** 肩宽30cm **27cm** 身长33cm **27cm**

编织方法
1.锁针起针，用花样编织来制作后身片和左右前身片。
2.肩部用卷针订缝，两肋用锁针和引拔针接缝。
3.领子、前端、下摆、袖窿用缘编织。
4.用锁针做出环形起针，编织出圆形装饰物，安在右前身片上。
5.钉缝纽扣。

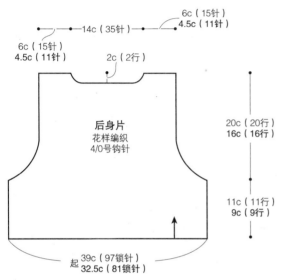

后身片
花样编织
4/0号钩针

6c（15针）
4.5c（11针）
14c（35针）
6c（15针）
4.5c（11针）
2c（2行）

20c（20行）
16c（16行）

11c（11行）
9c（9行）

起 39c（97锁针）
32.5c（81锁针）

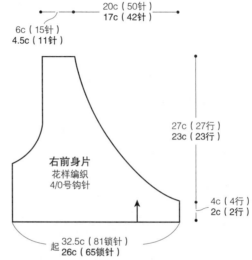

20c（50针）
17c（42针）
6c（15针）
4.5c（11针）

右前身片
花样编织
4/0号钩针

27c（27行）
23c（23行）

4c（4行）
2c（2行）

起 32.5c（81锁针）
26c（65锁针）

※左前身片和右前身片进行左右对称的编织。
※减针请参照织法图。

领子、前端、下摆、袖窿
缘编织 4/0号钩针

110~120cm尺寸=细字
90~100cm尺寸=粗字
只有一种字体时尺寸通用。

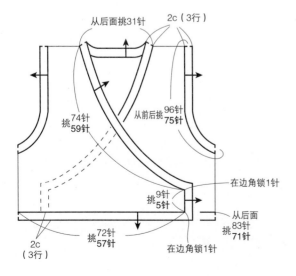

从后面挑31针
2c（3行）

从前后挑 96针
75针

挑 74针
59针

挑 9针
5针

在边角锁1针

从后面 挑83针
71针

挑 72针
57针

2c
（3行）

在边角锁1针

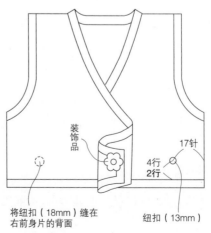

装饰品

17针

4行
2行

将纽扣（18mm）缝在
右前身片的背面

纽扣（13mm）

用锁针做环形起针

※用第1行是长针的
情况进行说明。

① 用锁针织必要的针数后，将钩针
插入最初的1针上。

② 挂线，引拔抽出。

③ 在第1行的基础上编3针立锁针。

④ 针上挂线，将钩针按照箭头方向插入。
3针立锁针

⑤ 编织长针。

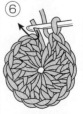
⑥ 编织必要的针数后，按照箭头方向将钩针插到第3锁针上，编织引拔针。

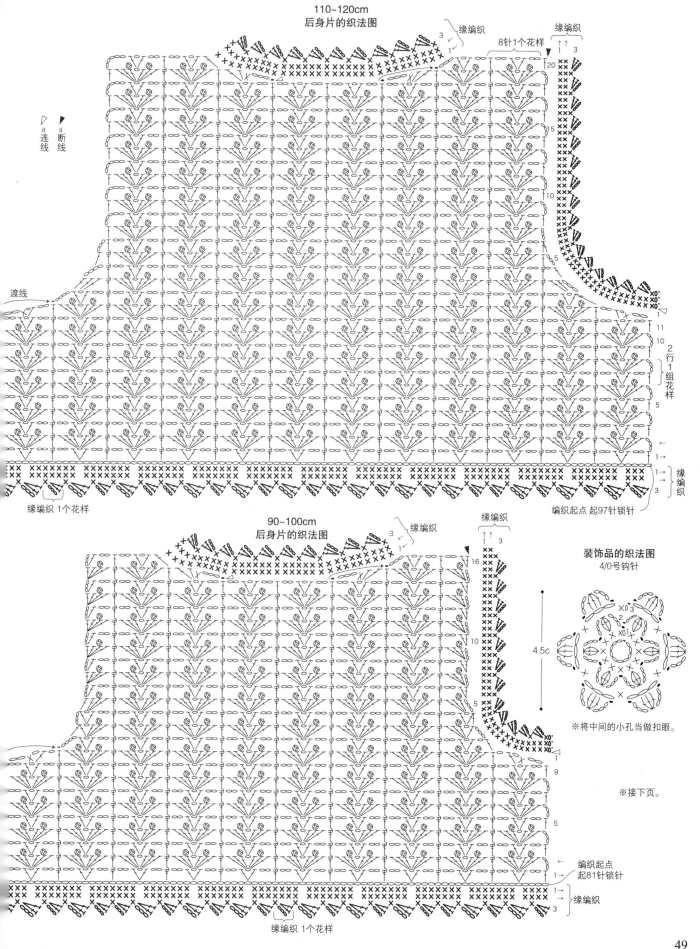

110~120cm
后身片的织法图

缘编织

缘编织

8针1个花样

连线
断线

渡线

2行1组花样

8针1个花样
缘编织 1个花样

编织起点 起97针锁针

缘编织

90~100cm
后身片的织法图

缘编织

缘编织

装饰品的织法图
4/0号钩针

4.5c

※将中间的小孔当做扣眼。

※接下页。

编织起点
起81针锁针

缘编织

缘编织 1个花样

49

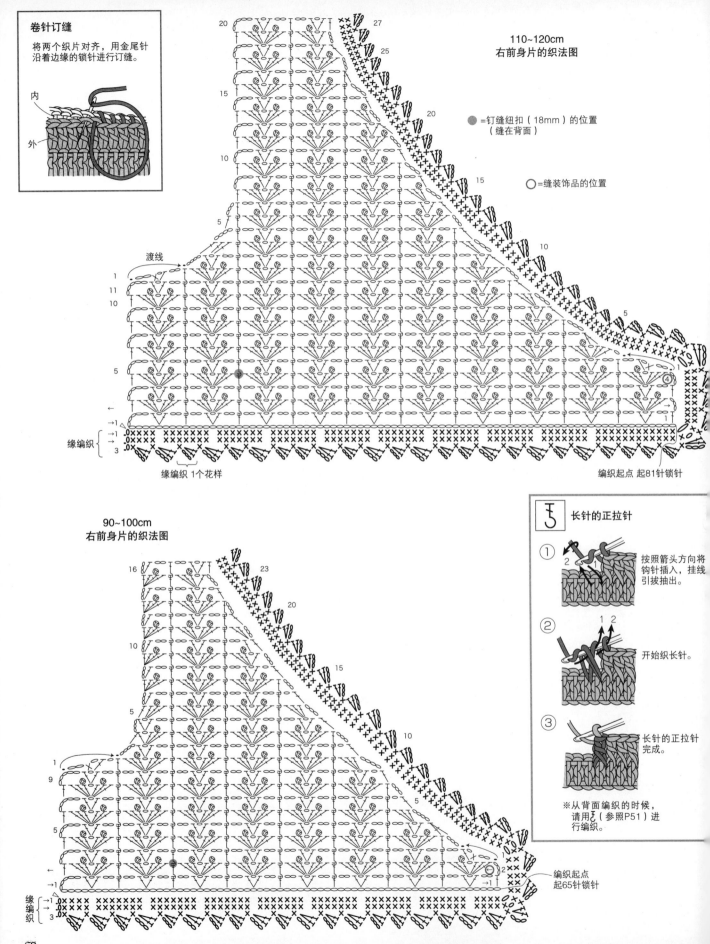

卷针订缝

将两个织片对齐，用金尾针沿着边缘的锁针进行订缝。

内
外

110~120cm
右前身片的织法图

● =钉缝纽扣（18mm）的位置
（缝在背面）

○ =缝装饰品的位置

渡线

缘编织

缘编织 1个花样

编织起点 起81针锁针

90~100cm
右前身片的织法图

缘编织

编织起点
起65针锁针

长针的正拉针

① 按照箭头方向将钩针插入，挂线引拔抽出。

② 开始织长针。

③ 长针的正拉针完成。

※从背面编织的时候，请用 ₹（参照P51）进行编织。

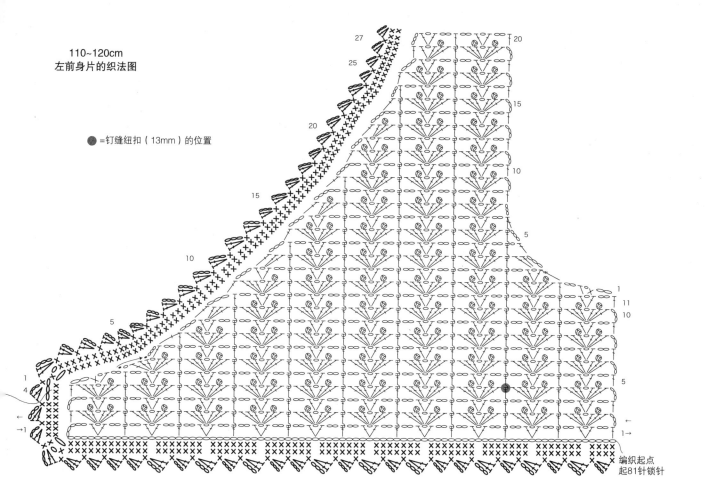

110~120cm
左前身片的织法图

● =钉缝纽扣（13mm）的位置

编织起点
起81针锁针

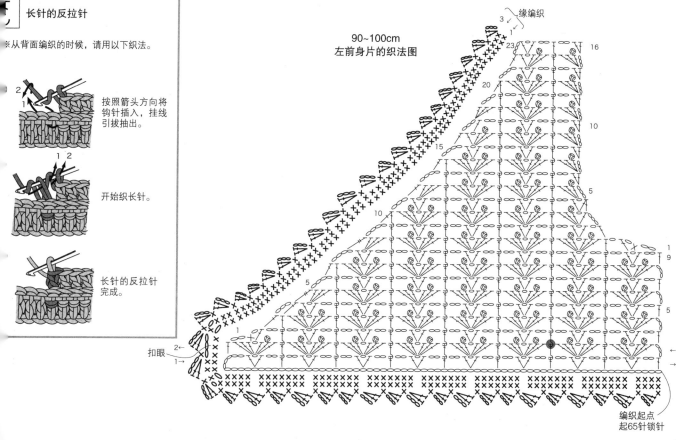

长针的反拉针

※从背面编织的时候，请用以下织法。

按照箭头方向将钩针插入，挂线引拨抽出。

开始织长针。

长针的反拉针完成。

缘编织

90~100cm
左前身片的织法图

扣眼

编织起点
起65针锁针

用线

Hamanaka Wanpakudenis
绿色（46）185g 140g

用具

Hamanaka Amiami双头钩针RakuRaku 4/0号

标准针数（10cm²）

花样编织 21针 8.5行

完成尺寸

胸围83cm 72cm 肩宽32cm 身长44cm 38cm

编织方法

1.锁针起针，用花样编织来制作后身片、前身片。
2.肩部用锁针和引拔针订缝，两肋用锁针和引拔针接缝。
3.领子、袖窿、下摆用缘编织。

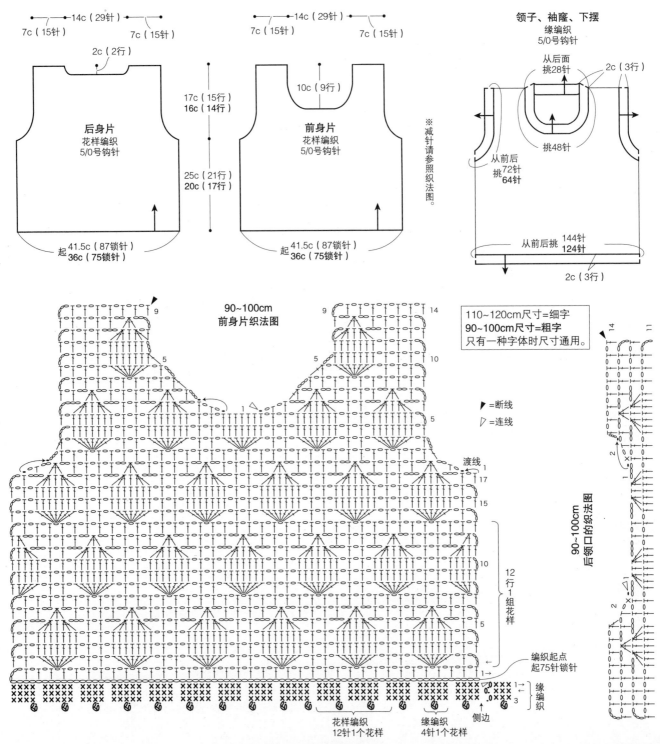

领子、袖窿、下摆
缘编织
5/0号钩针

从后面
挑28针

2c（3行）

从前后
挑72针
64针

挑48针

从前后挑 144针
124针

2c（3行）

14c（29针）

7c（15针）   7c（15针）

2c（2行）

17c（15行）
16c（14行）

后身片
花样编织
5/0号钩针

25c（21行）
20c（17行）

起 41.5c（87锁针）
36c（75锁针）

14c（29针）

7c（15针）   7c（15针）

10c（9行）

前身片
花样编织
5/0号钩针

※减针请参照织法图。

起 41.5c（87锁针）
36c（75锁针）

90~100cm
前身片织法图

=断线
=连线

渡线

12行1组花样

编织起点
起75针锁针

110~120cm尺寸=细字
90~100cm尺寸=粗字
只有一种字体时尺寸通用。

90~100cm
后领口的织法图

缘编织

侧边

花样编织
12针1个花样

缘编织
4针1个花样

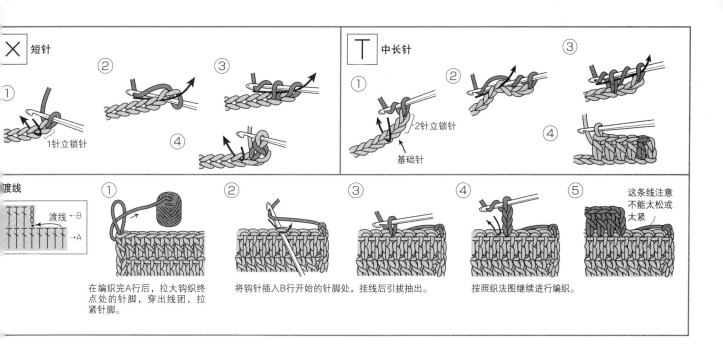

① 1针立锁针	② ③ ④

中长针	
① 2针立锁针 基础针	② ③ ④

渡线

渡线 ←B
→A

① ② ③ ④ ⑤ 这条线注意不能太松或太紧

在编织完A行后，拉大钩织终点处的针脚，穿出线团，拉紧针脚。

将钩针插入B行开始的针脚处，挂线后引拔抽出。

按照织法图继续进行编织。

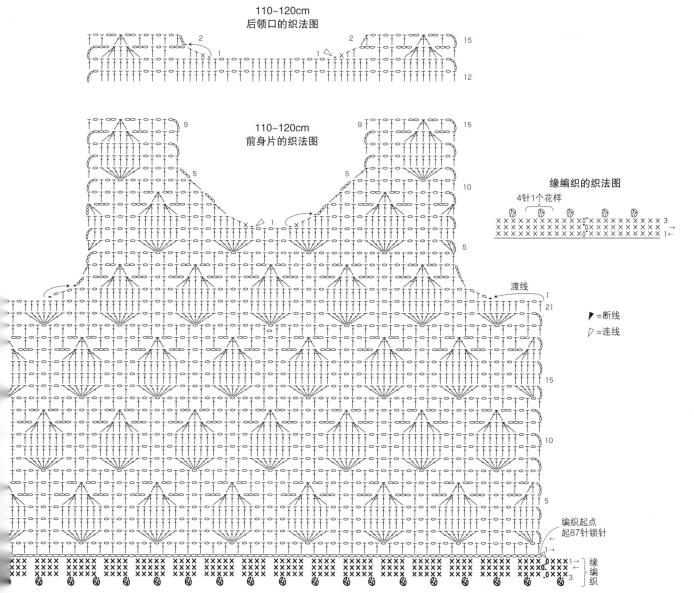

110~120cm
后领口的织法图

110~120cm
前身片的织法图

缘编织的织法图
4针1个花样

▶ =断线
▷ =连线

渡线

编织起点
起87针锁针

缘编织

用线

Hamanaka Wanpakudenis
浅蓝色（47）220g　160g
白色（1）55g　40g
浅驼色（31）25g　20g

其他材料

纽扣（15mm）5颗

用具

Hamanaka Amiami圆头棒针2根 5号、4号
Hamanaka Amiami棒针4根 5号、4号
Hamanaka Amiami双头钩针RakuRaku 5/0号（起针用）

标准针数（10cm²）

上下针编织、嵌入花样 19针 25.5行

完成尺寸

胸围80cm **74cm** 育克长15.5cm **14cm** 侧边长26cm **24cm**
肩袖长约49cm **约46cm**

编织方法

1. 另线起针，用上下针编织后身片、左右前身片和袖子。
2. 从前后身和袖子挑针，用嵌入花样（向背面渡线的方法）制作育克。
3. 编织完育克后用单罗纹编织制作领子，结束后用单罗纹编织收针。
4. 将两肋和袖子挑针接缝。
5. 解开起针的同时挑针，用单罗纹编织制作下摆、袖隆，结束后用单罗纹编织收针。
6. 用单罗纹编织制作前襟，结束后用单罗纹编织收针。
7. 钉缝纽扣。

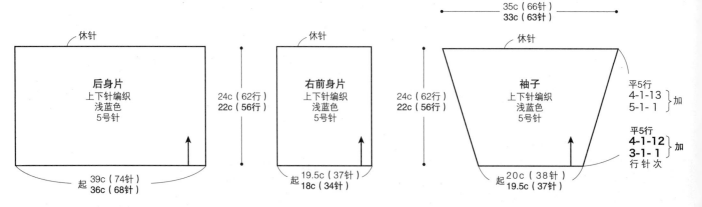

※左前身片和右前身片编织方法相同。

110~120cm尺寸=细字
90~100cm尺寸=粗字
只有一种字体时尺寸通用。

※嵌入花样的配色，请参照织法图。

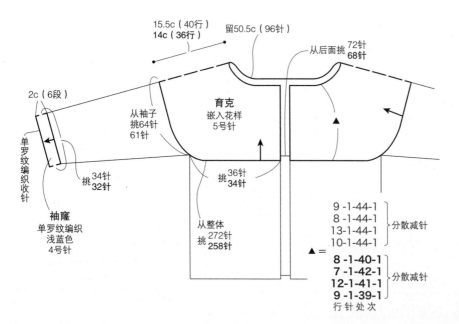

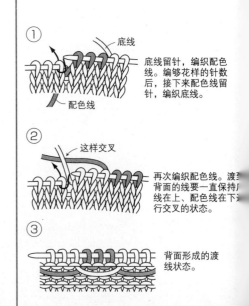

嵌入花样（从内测渡线的方法）

按照织法图的花样，用底线编织时将配色线渡到织片的背面，再用配色线编织时将底线渡到织片的背面，这样边渡线边编织。为了保证渡到背面的线不会过松或过紧，要注意拉线的力度。

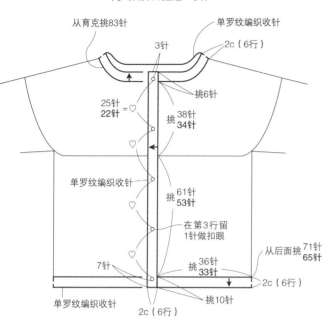

领子、下摆、前襟
单罗纹编织 浅蓝色 4号针

从育克挑83针
单罗纹编织收针
3针
2c（6行）
挑6针
25针 = ♡
22针
挑 38针
34针
单罗纹编织收针
挑 61针
53针
在第3行留1针做扣眼
从后面挑 71针
65针
7针
挑 36针
33针
2c（6行）
单罗纹编织收针
挑10针
2c（6行）

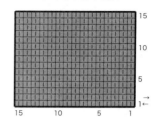

上下针编织的织法图

15
10
5
1←
15 10 5 1

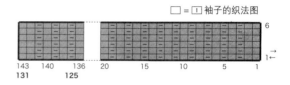

下摆的织法图

□ = 凵 袖子的织法图

6
1←
143 140 136 20 15 10 5 1
131   125

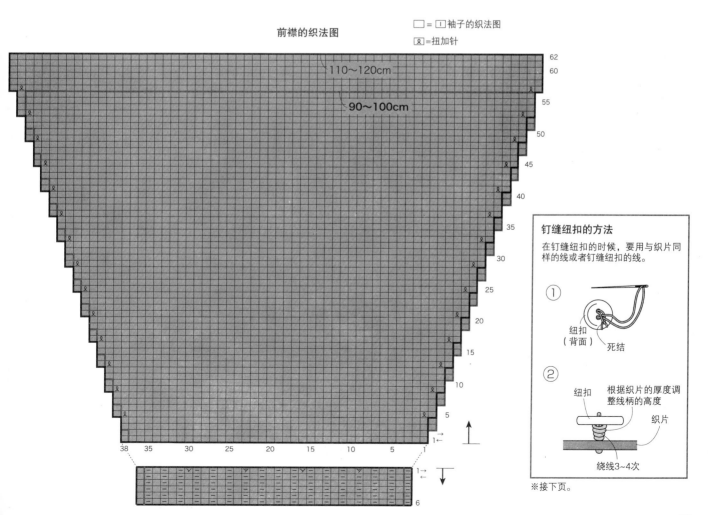

前襟的织法图

□ = 凵 袖子的织法图
凡 = 扭加针

110～120cm
90～100cm

62
60
55
50
45
40
35
30
25
20
15
10
5
1←

38 35 30 25 20 15 10 5 1

1→
6

钉缝纽扣的方法

在钉缝纽扣的时候，要用与织片同样的线或者钉缝纽扣的线。

① 纽扣（背面）　死结

② 纽扣　根据织片的厚度调整线柄的高度　织片

绕线3~4次

※接下页。

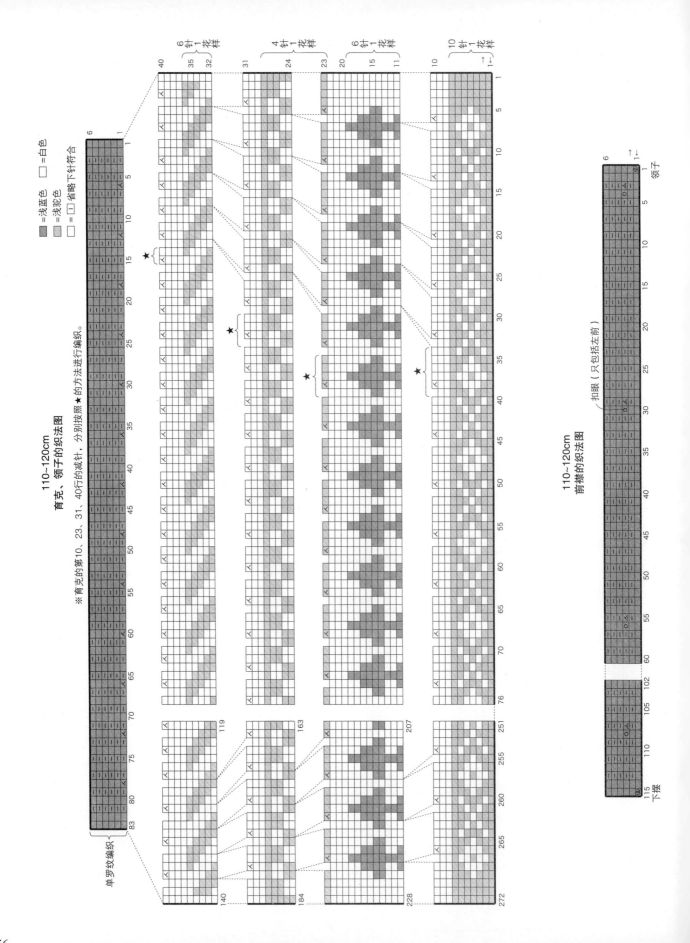

110~120cm
育克、领子的织法图

※育克的第10、23、31、40行的减针，分别按照★的方法进行编织。

■ =浅蓝色　□ =白色
□ =浅陀色
□ =□ 省略下针符合

单罗纹编织

110~120cm
前襟的织法图

扣眼（只包括左前）

领子

下摆

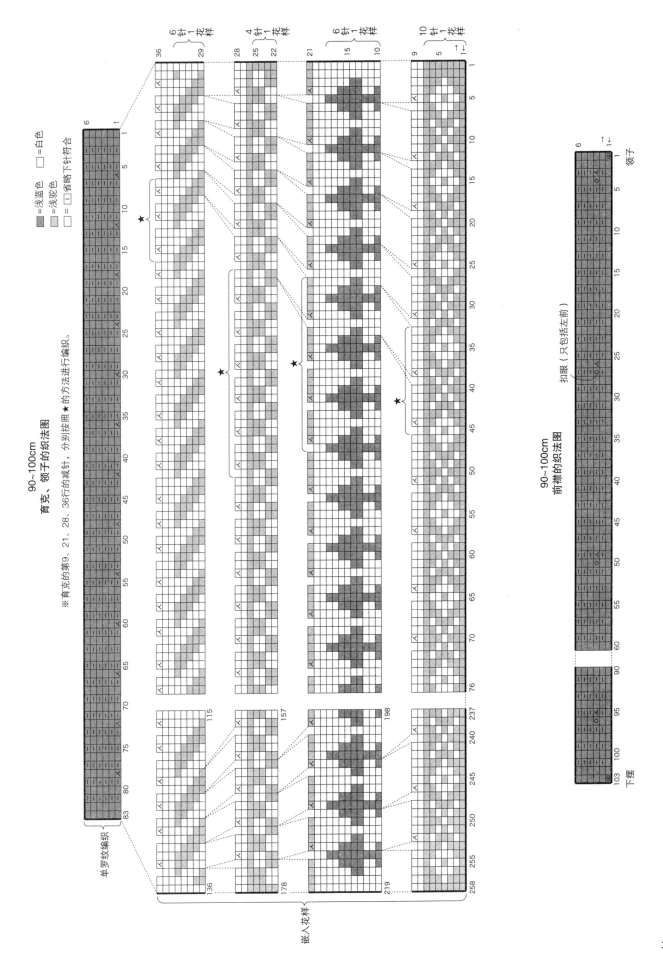

■=浅蓝色　□=白色
■=浅驼色
□=□省略下针符合

90~100cm
育克、领子的织法图

※育克的第9、21、28、36行的减针，分别按照★的方法进行编织。

90~100cm
前襟的织法图

扣眼（只包括左前）

领子

下摆

单罗纹编织

嵌入花样

用线

Hamanaka Wanpakudenis

浅灰色（34）200g 175g

蓝色（45）20g 18g

白色（1）少许

深灰色（16）少许

其他材料

纽扣（12mm）3颗

用具

Hamanaka Amiami圆头棒针2根 6号、4号

Hamanaka Amiami双头钩针RakuRaku 5/0号

（起针、接袖子用）

标准针数（10cm²）

上下针编织、嵌入花样 21针 28行

完成尺寸

胸围74cm 64cm 肩宽26.5cm 22.5cm 身长38.5cm 34.5cm 袖长35.5cm 31cm

编织方法

1.另线起针，用嵌入花样（向背面渡线的方法）制作衣兜。

2.从衣兜的两侧挑针，用单罗纹编织制作兜口，结束后用单罗纹编织收针。

3.另线起针，用上下针编织制作后身片、前身片和袖子。编织前身片的途中，将衣兜的织片对齐放上，并一起进行挑针。

4.解开起针的同时挑针，用单罗纹编织制作下摆和袖窿，用单罗纹编织针。前下摆要使前身片和衣兜重合，一起进行挑针。

5.右肩部盖针订缝。

6.用单罗纹编织制作领子，结束后用单罗纹编织收针。

7.用单罗纹编织制作掩襟，结束后用单罗纹编织收针。

8.两肋和袖子进行挑针接缝。

9.用引拔针将袖子接到前后身上。

10.钉缝纽扣。

11.用针与行的接缝方式将兜口和前身片接到一起。

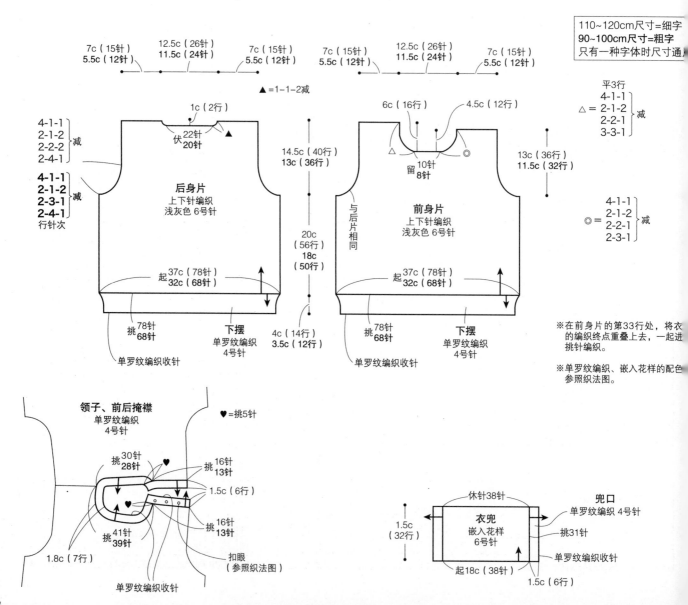

※在前身片的第33行处，将衣兜的编织终点重叠上去，一起进行挑针编织。

※单罗纹编织、嵌入花样的配色参照织法图。

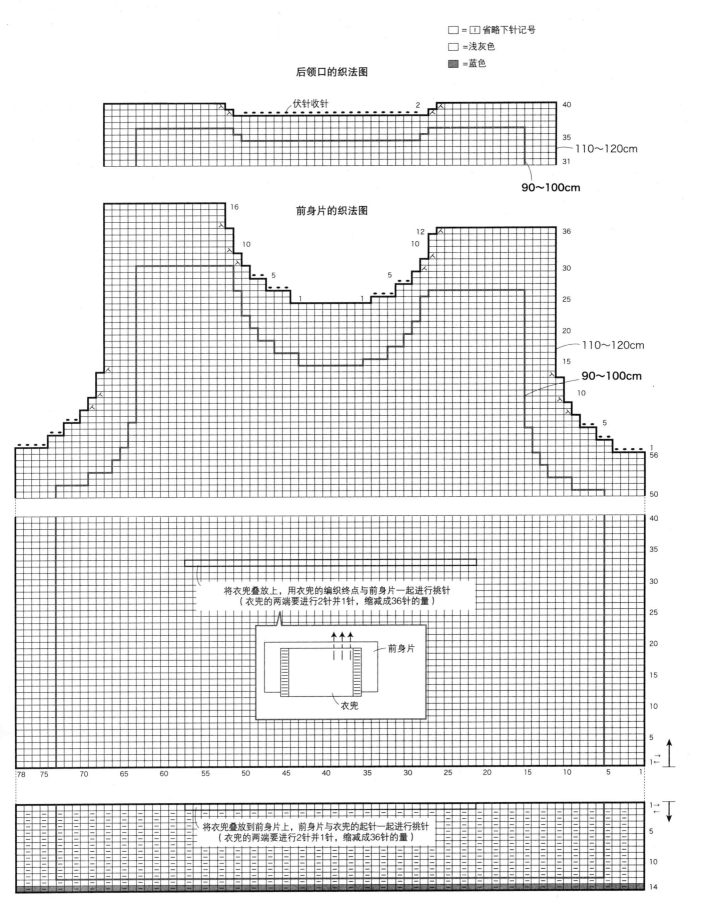

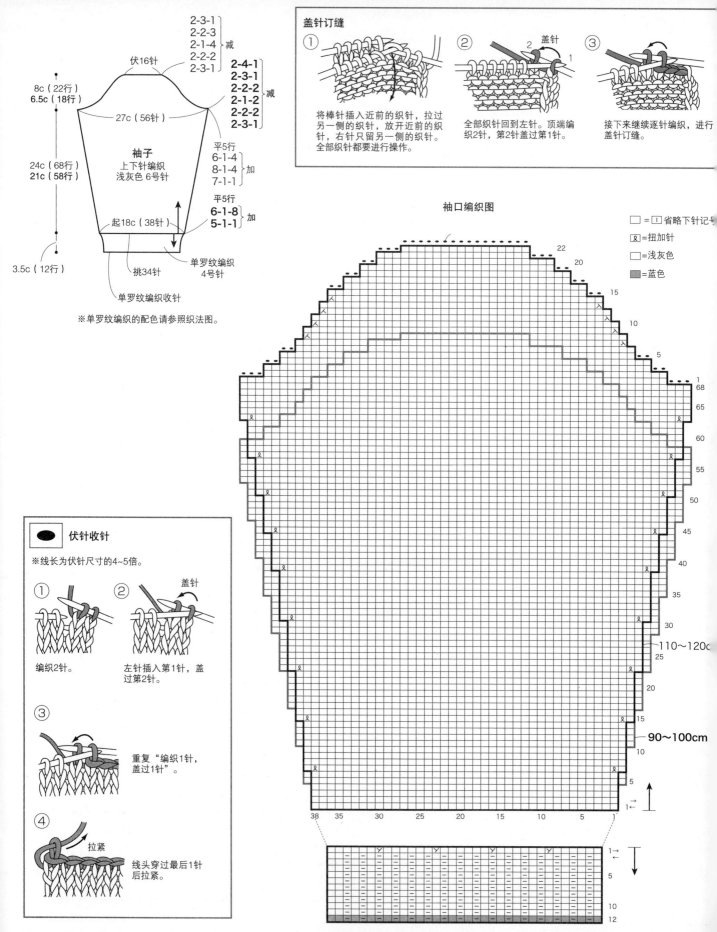

2-3-1
2-2-3
2-1-4 减
2-2-2
2-3-1

2-4-1
2-3-1
2-2-2 减
2-1-2
2-2-2
2-3-1

伏16针

8c（22行）
6.5c（18行）

27c（56针）

袖子
上下针编织
浅灰色 6号针

平5行
6-1-4
8-1-4 加
7-1-1

平5行
6-1-8 加
5-1-1

24c（68行）
21c（58行）

起18c（38针）

3.5c（12行）

挑34针

单罗纹编织
4号针

单罗纹编织收针

※单罗纹编织的配色请参照织法图。

盖针订缝

① 将棒针插入近前的织针，拉过另一侧的织针，放开近前的织针，右针只留另一侧的织针。全部织针都要进行操作。

② 盖针 全部织针回到左针。顶端编织2针，第2针盖过第1针。

③ 接下来继续逐针编织，进行盖针订缝。

袖口编织图

□ = ① 省略下针记号
ʊ =扭加针
□ =浅灰色
▨ =蓝色

110～120cm
90～100cm

伏针收针

※线长为伏针尺寸的4～5倍。

① 编织2针。

② 盖针 左针插入第1针，盖过第2针。

③ 重复"编织1针，盖过1针"。

④ 拉紧 线头穿过最后1针后拉紧。

衣兜的织法图

在与前身片重叠进行挑针时，两端要进行2针并1针

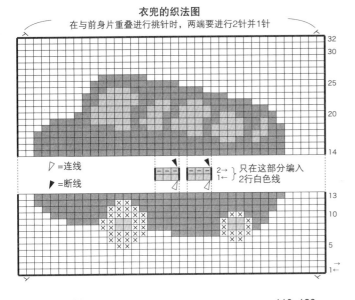

▷ =连线

▶ =断线

2→
1→ 只在这部分编入2行白色线

兜口的织法图

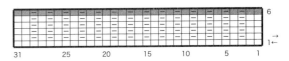

领子的织法图

67　　60

110~120cm
后掩襟的织法图

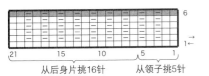

从后身片挑16针　　从领子挑5针

110~120cm
前掩襟的织法图

扣眼

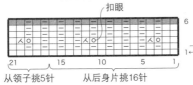

从领子挑5针　　从后身片挑16针

110~120cm
从领子挑5针

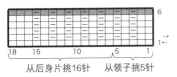

从后身片挑16针　　从领子挑5针

110~100cm
前掩襟的织法图

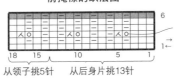

从领子挑5针　　从后身片挑13针

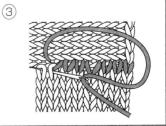

2片重叠到一起
后接上袖子

兜口与前身片要进行针与行的接缝

针与行的接缝

钩下大约为接缝尺寸3倍长的线，模仿下针的样式，松散地接缝上。即使最后1行是伏针收针也要用相同方法穿针。

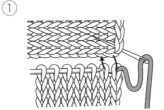

① ② ③

接袖（引拔订缝）

 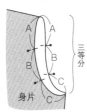

① 袖子（正面）

A袖子略微松弛

A
B
C

三等分

袖子（背面）

B袖子和身片松紧度相同

C袖子绷紧

身片

腋下

将身片翻到反面，正面相对地将袖子插入身片中，腋下和袖子、肩部和袖山相对，用珠针固定。再将前后3等分点用珠针固定。

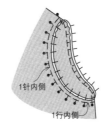

② 1针内侧

1行内侧

用珠针细密地固定。

※钩针编织作品也用相同方法连接。

③ 从顶端的1针内侧插入钩针，2片一起用引拔针订缝。

用线

Hamanaka Wanpakudenis

棕色（13）115g **105g**
浅黄色（3）10g
绿色（46）5g
深红色（38）少许

用具

Hamanaka Amiami圆头棒针2根 7号、5号
Hamanaka Amiami棒针4根 5号

标准针数（10cm²）

上下针编织、嵌入花样 19.5针 26行

完成尺寸

胸围77cm **69cm** 肩宽33cm **31cm**
身长40cm **37cm**

编织方法

1.普通起针，用单罗纹编织、上下针编织制作后身片。
2.普通起针，用单罗纹编织、上下针编织、嵌入花样（不向背面渡线的方法）制作前身片。
3.肩部盖针订缝，两肋挑针接缝。
4.用单罗纹编织制作领子和袖窿，结束后用单罗纹编织收针。

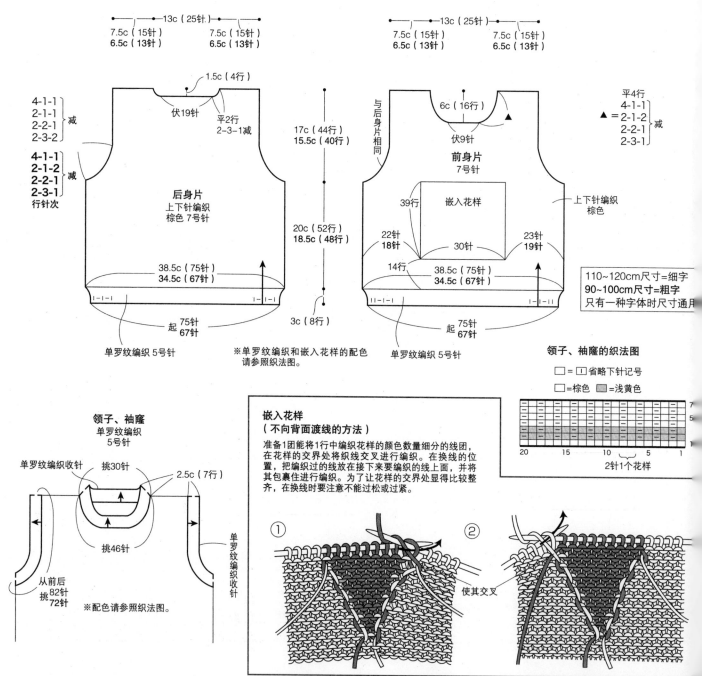

※单罗纹编织和嵌入花样的配色请参照织法图。

110~120cm尺寸=细字
90~100cm尺寸=粗字
只有一种字体时尺寸通用

领子、袖窿的织法图

□ = [省略下针记号
□ = 棕色　■ = 浅黄色

2针1个花样

嵌入花样
（不向背面渡线的方法）

准备1团能将1行中编织花样的颜色数量细分的线团，在花样的交界处将线团交叉进行编织。在换线的位置，把编织过的线放在接下来要编织的线上面，并将其包裹住进行编织。为了让花样的交界处显得比较整齐，在换线时要注意不能过松或过紧。

使其交叉

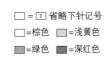

□ = □ 省略下针记号
□=棕色 　=浅黄色
　=绿色 　=深红色

后领子的织法图

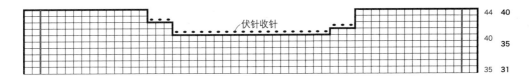

前身片的织法图

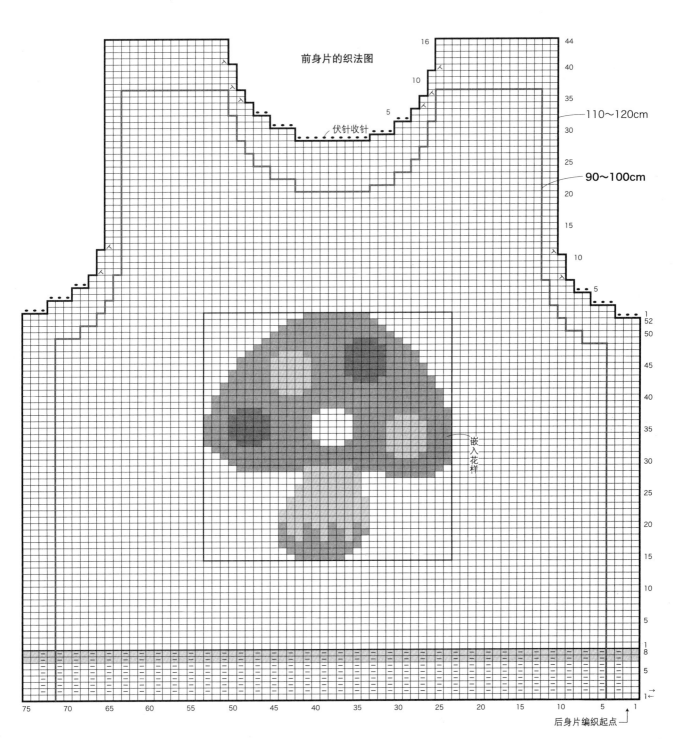

用线

Hamanaka Wanpakudenis
黄绿色（53）135g **100g**
白色（1）15g
黄色（43）15g
橙色（44）15g

其他材料

纽扣（13mm）1颗

用具

Hamanaka Amiami圆头棒针2根 7号、5号
Hamanaka Amiami棒针4根 5号
Hamanaka Amiami双头钩针RakuRaku 5/0号（起针用）

标准针数（10cm²）

上下针编织、嵌入花样A~C 20针 27行

完成尺寸

胸围76cm **70cm** 肩宽30cm **28cm**
身长43cm **37.5cm**

编织方法

1.另线起针，用上下针编织、嵌入花样A制作后身片。
2.另线起针，用上下针编织、嵌入花样B与C、花样编织制作前身片。编织中途，另线嵌入编织衣兜的位置。
3.解开起针的同时挑针，用反面上下针编织制作下摆，伏针收针。
4.解开衣兜处另线的同时挑针，用上下针编织制作内衣兜，用反面上下针编织制作兜口，伏针收针。
5.将内衣兜、兜口接到前身片上。
6.在前身片上进行上下针刺绣。
7.肩部盖针订缝。
8.用反面上下针编织制作领子和袖窿，伏针收针。
9.两肋、袖窿挑针接缝。
10.编织扣环，钉缝纽扣。

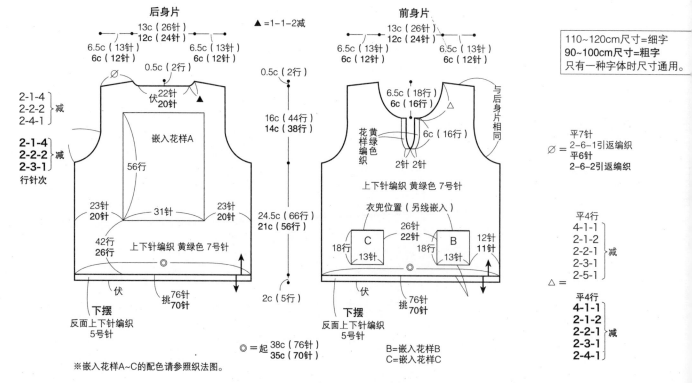

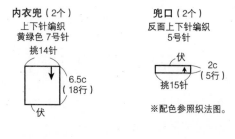

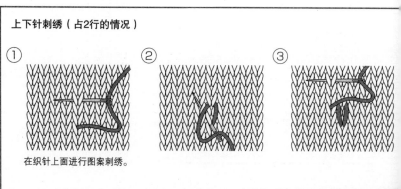

上下针刺绣（占2行的情况）

在织针上面进行图案刺绣。

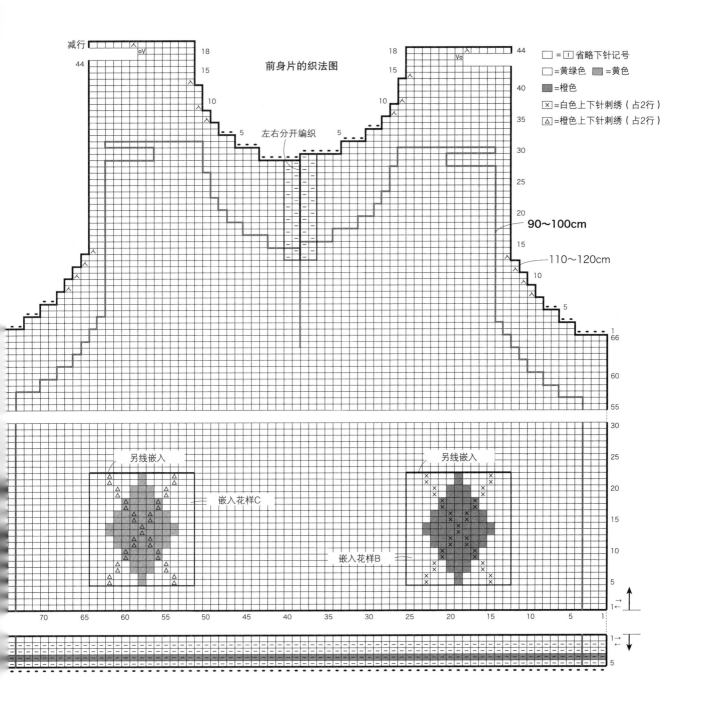

前身片的织法图

减行

□ =□ 省略下针记号
□ =黄绿色　□ =黄色
■ =橙色
図 =白色上下针刺绣（占2行）
△ =橙色上下针刺绣（占2行）

左右分开编织

90~100cm

110~120cm

另线嵌入

嵌入花样C

另线嵌入

嵌入花样B

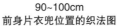

90~100cm
前身片衣兜位置的织法图

另线嵌入

另线嵌入

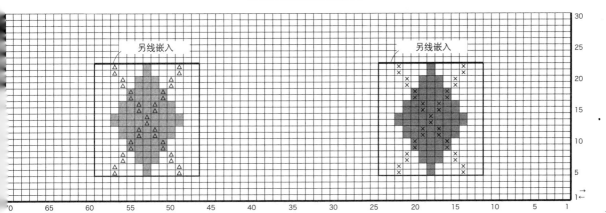

※接下页。

90~100cm
后领口的织法图

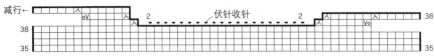

减行←

38
35

伏针收针

38
35

110~120cm
后领口的织法图

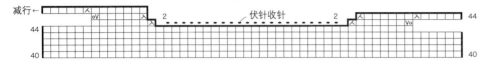

减行←

44
40

伏针收针

44
40

内衣兜的织法图

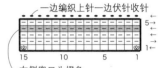

伏针收针

18
15
10
5
1

14   10   5   1

□ = ㄐ 省略下针记号
□ =黄绿色　▨ =黄色
▨ =白色　　■ =橙色
区 =白色上下针刺绣（占2行）
△ =橙色上下针刺绣（占2行）
▲ =黄色上下针刺绣（占2行）

嵌入花样A的织法图

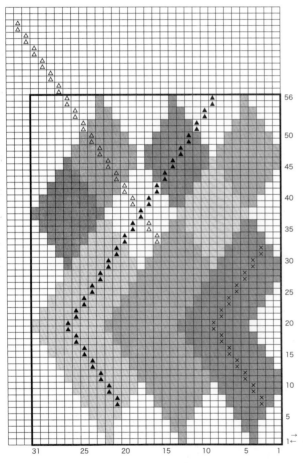

56
50
45
40
35
30
25
20
15
10
5
1 ←

31   25   20   15   10   5   1

兜口的织法图

一边编织上针一边伏针收针

5
1

15   10   5   (0)

右侧兜口为橙色，
左侧兜口为黄色

扣环的制作方法

①

金尾针
同线
穿入芯线。

②

扣眼绣。

③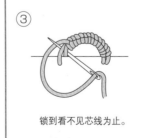

锁到看不见芯线为止。

领子、袖窿
反面上下针编织
5号针
※配色请参照织法图。

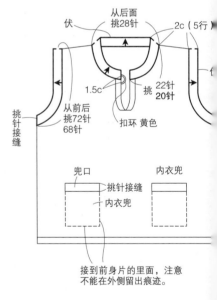

伏

从后面
挑28针

2c（5行）

1.5c

22针
20针

从前后
挑72针
68针

挑针接缝

挑

扣环 黄色

兜口

内衣兜

挑针接缝

内衣兜

接到前身片的里面，注意
不能在外侧留出痕迹。

领口的织法图

黄色线编织

一边编织上针一边伏针收针

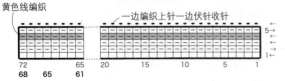

5
1

72   65   20   15   10   5   1
68 65 **61**

袖窿的织法图

一边编织上针一边伏针收针

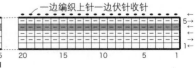

右袖窿为白色，
左袖窿为橙色

5
1

72   65   20   15   10   5   1
68 65 **61**

用线
Hamanaka Wanpakudenis
橙色（43）20g
黄色（44）20g
黄绿色（53）少许

用具
Hamanaka Amiami圆头棒针2根 7号
Hamanaka Amiami棒针4根 5号
Hamanaka Amiami双头钩针RakuRaku 5/0号

标准针数（10cm²）
花样编织 20针 27行

完成尺寸
颈围41.5cm 长18.5cm

编织方法
1.另线起针，用花样编织制作环形围脖。
2.解开起针的同时挑针，与编织结尾处的织针用引拔针进行订缝。
3.用反面上下针编织制作环形。
4.编织绳子，编完后穿过整个围脖。

绳子的织法图 5/0号钩针

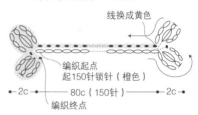

环形围脖

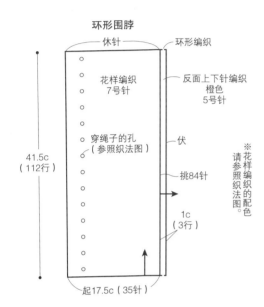

环形围脖的织法图

□=橙色　　□=黄色

■=黄绿色

□=□省略下针记号

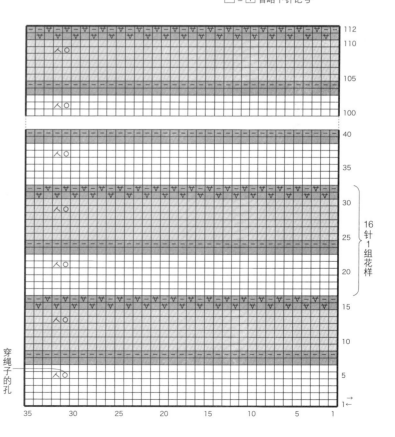

收尾方法

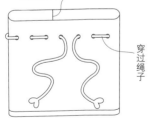

反面上下针的织法图

用线
Hamanaka Arantweed
蓝色（4）355g **300g**

用具
Hamanaka Amiami圆头棒针2根 10号 9号

标准针数（10cm²）
反面上下针编织 18针 23行
花样编织 22针 23行

完成尺寸
胸围93cm **89cm** 身长42cm **40cm** 肩袖长55cm **46.5cm**

编织方法
1.普通起针，用单罗纹编织、反面上下针编织、花样编织制作后身片、左、右前身片和左右袖子。
2.插肩线、两肋、袖底进行挑针接缝，将♡与♡重合（参照P68）后，用上针订缝。
3.用单罗纹编织制作前襟和领子，完成后伏针收针。
4.钉缝纽扣。

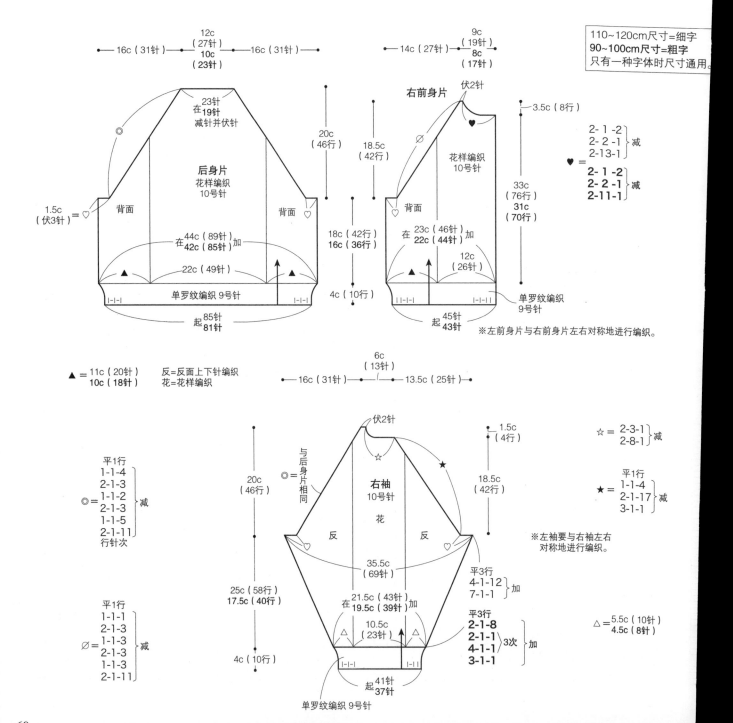

110~120cm尺寸=细字
90~100cm尺寸=粗字
只有一种字体时尺寸通用。

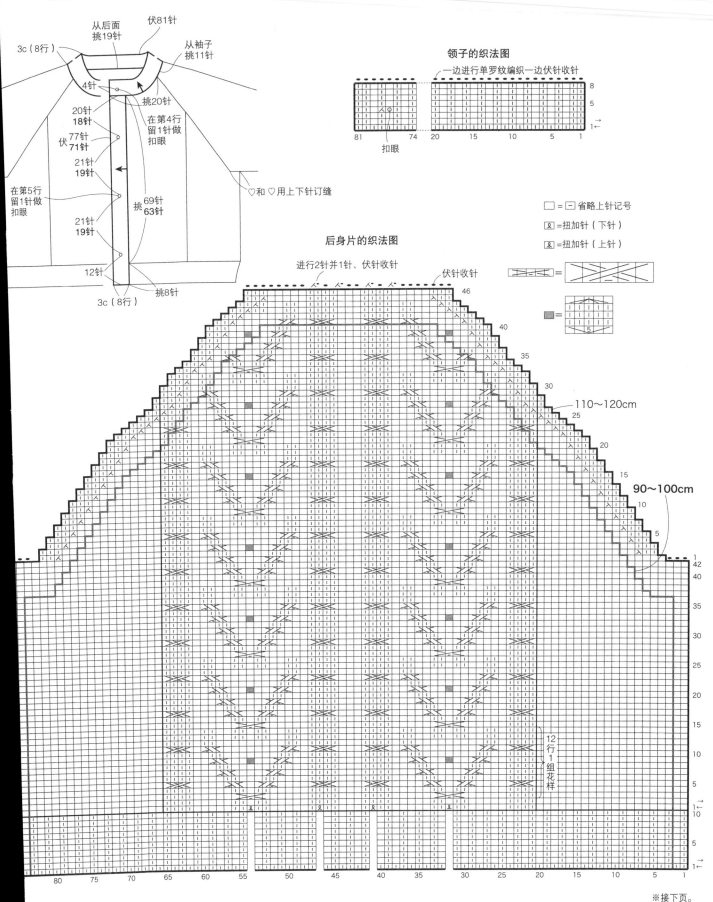

从后面挑19针　伏81针
3c（8行）
从袖子挑11针
4针
挑20针
20针
18针
在第4行留1针做扣眼
伏 77针 71针
21针 19针
在第5行留1针做扣眼
21针 19针
挑 69针 63针
12针
挑8针
3c（8行）
♡和♡用上下针订缝

领子的织法图
一边进行单罗纹编织一边伏针收针
8
5
1
81　74　　20　15　10　5　1
扣眼

□ = □ 省略上针记号
図 = 扭加针（下针）
図 = 扭加针（上针）

后身片的织法图
进行2针并1针、伏针收针　　伏针收针
46
40
35
110～120cm
30
25
20
15
90～100cm
10
5
1
42
40
35
30
25
20
15
12行1组花样
10
5
1
1
10
5
1
80　75　70　65　60　55　50　45　40　35　30　25　20　15　10　5　1

※接下页。

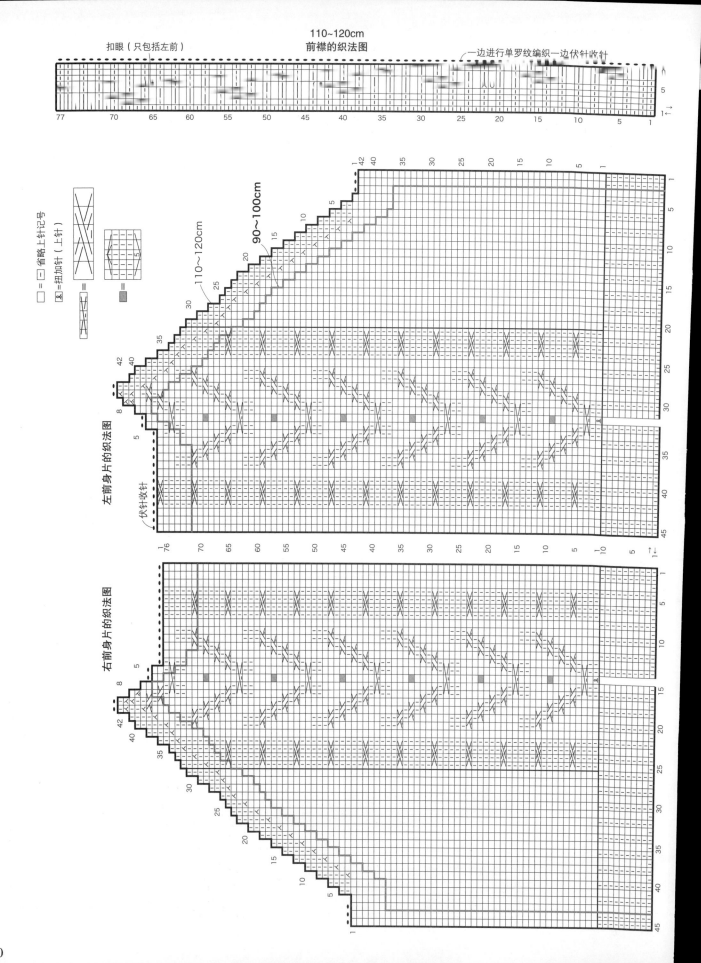

前襟的织法图

110~120cm

扣眼（只包括左前）

一边进行单罗纹编织一边伏针收针

左前身片的织法图

右前身片的织法图

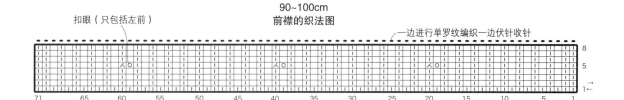

90~100cm
前襟的织法图

扣眼（只包括左前）

一边进行单罗纹编织一边伏针收针

右袖子的织法图

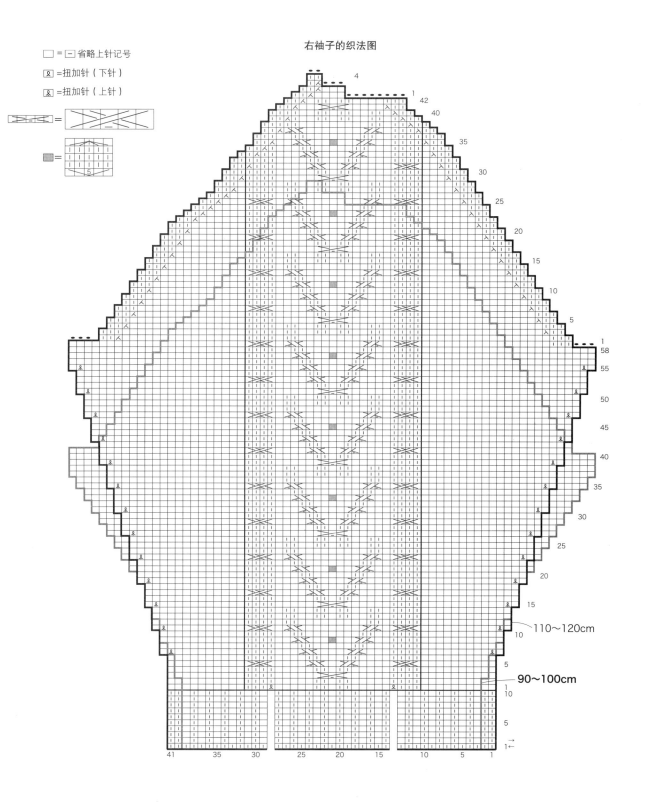

□ =□省略上针记号

⊋ =扭加针（下针）

⊋ =扭加针（上针）

110~120cm

90~100cm

用线

Hamanaka Arantweed
浅灰色（3）345g **255g**
白色（1）15g
黄色（43）15g
橙色（44）15g

用具

Hamanaka Amiami圆头棒针2根 9号、7号
Hamanaka Amiami棒针4根 7号
Hamanaka Amiami双头钩针RakuRaku 8/0号
扭花针

标准针数

反面上下针编织（10cm²）17.5针 26行
花样编织A、A'、B 11针=5cm 26行=10cm
花样编织C 27针=13cm 26行=10cm

完成尺寸

胸围82cm **70cm** 肩宽32cm **27cm**
身长43.5cm **38cm** 袖长39cm **32.5cm**

编织方法

1.另线起针，用单罗纹编织、花样编织（A、A'、B、C）、反面上下针编织制作后身片和前身片。
2.分别解开后身片和前身片起针的同时挑针，用上下针编织制作下摆，完成后伏针收针。
3.另线起针，用单罗纹编织、花样编织（A、A'、C）、反面上下针编织制作袖子。
4.解开袖子起针的同时挑针，用上下针编织制作袖口，伏针收针。
5.肩部盖针订缝，两肋、袖底挑针接缝。
6.用单罗纹编织制作领子，完成后用单罗纹编织收针。
7.用引拔针将袖子接到身片上。

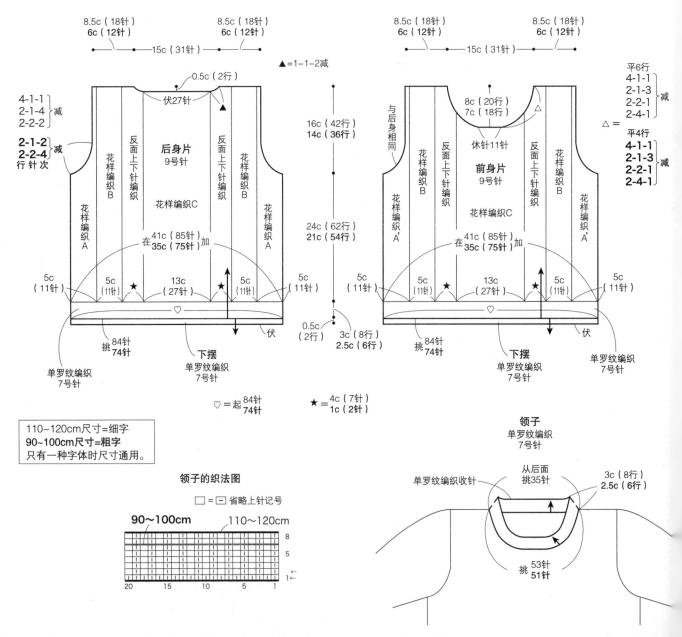

110~120cm尺寸=细字
90~100cm尺寸=粗字
只有一种字体时尺寸通用。

领子的织法图

□ = ⊟ 省略上针记号

90~100cm　110~120cm

领子
单罗纹编织
7号针

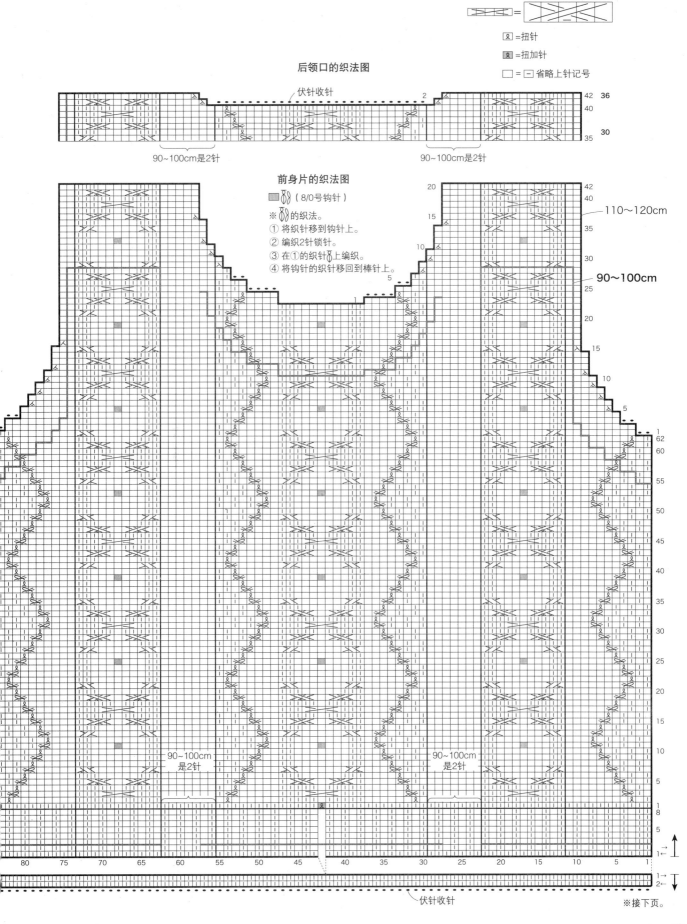

后领口的织法图

伏针收针

90~100cm是2针　　　90~100cm是2针

前身片的织法图

（8/0号钩针）

※ 的织法。
① 将织针移到钩针上。
② 编织2针锁针。
③ 在①的织针 上编织。
④ 将钩针的织针移回到棒针上。

110~120cm

90~100cm

90~100cm
是2针　　　90~100cm
是2针

扭针
扭加针
= 省略上针记号

伏针收针

※接下页。

73

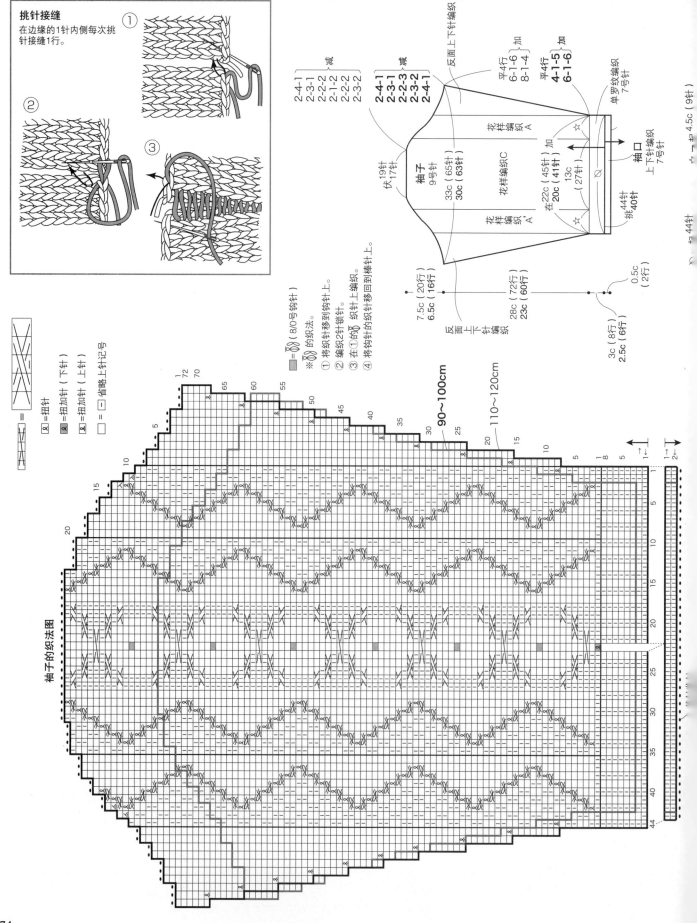

挑针接缝

在边缘的1针内侧每次挑
针接缝1行。

袖子的织法图

90～100cm

110～120cm

74

线

manaka Arantweed
浅灰色（3）235g **200g**
深蓝色（11）235g **200g**

他材料

扣（18mm）5颗

具

manaka Amiami圆头棒针2根 9号、7号
manaka Amiami棒针4根 7号
manaka Amiami双头钩针RakuRaku 8/0号
（起针、订缝帽子用）
花针

标准针数（10cm²）

花样编织 19针 25行

完成尺寸

胸围76.5cm **70cm** 肩宽30cm **28cm**
身长42.5cm **39cm**

编织方法

1. 另线起针，用花样编织制作后身片、左右前身片。
2. 解开起针的同时挑针，用单罗纹编织制作下摆，完成后用单罗纹编织收针。
3. 肩部盖针订缝，两肋挑针接缝。
4. 从前后身片挑针，用花样编织制作帽子，然后将编织终点盖针订缝。
5. 将帽子的△记号部分用引拔针进行接缝。
6. 用单罗纹编织制作前襟、袖窿，然后用单罗纹编织收针。

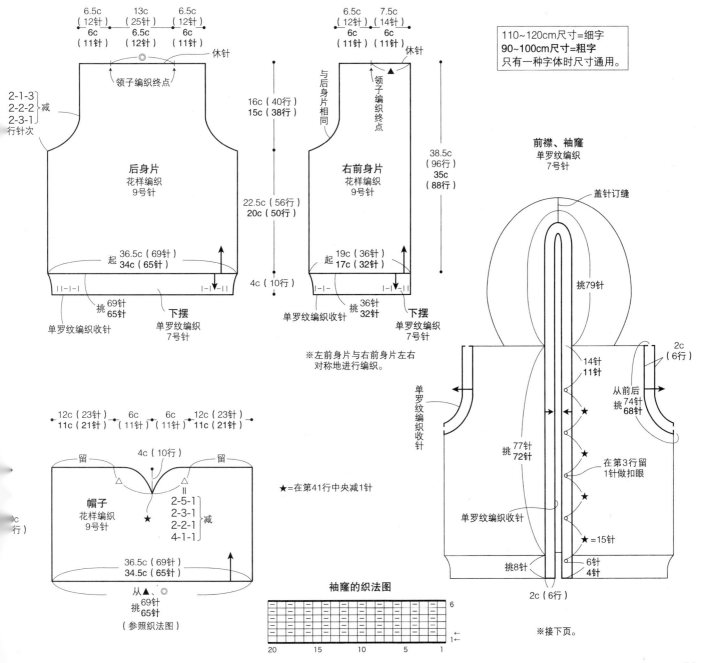

110~120cm尺寸=细字
90~100cm尺寸=粗字
只有一种字体时尺寸通用。

※左前身片与右前身片左右对称地进行编织。

★=在第41行中央减1针

袖窿的织法图

□ = ① 省略下针记号

后身片的织法图

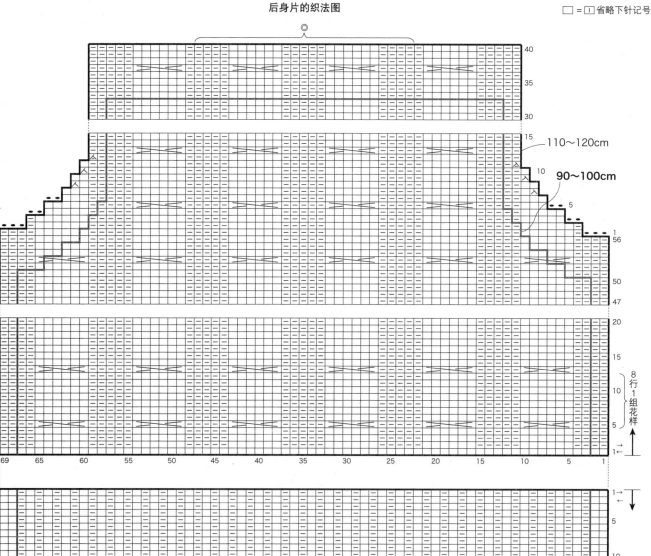

110～120cm
90～100cm

8行1组花样

右前身片的织法图   90～100cm   110～120cm   左前身片的织法图

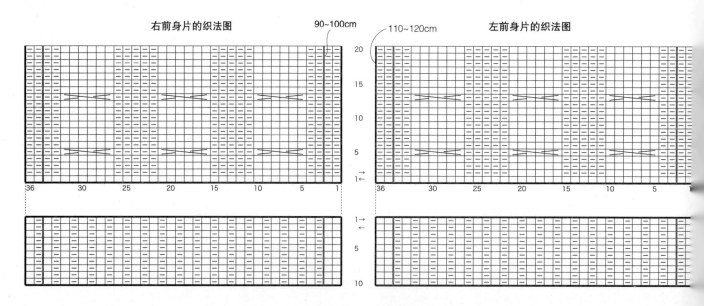

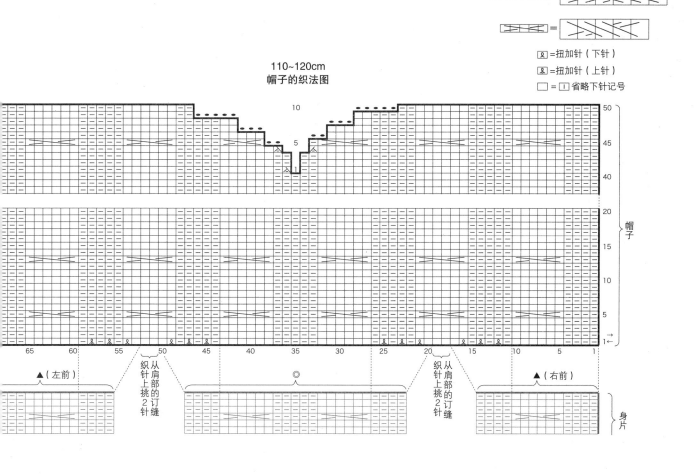

110~120cm
帽子的织法图

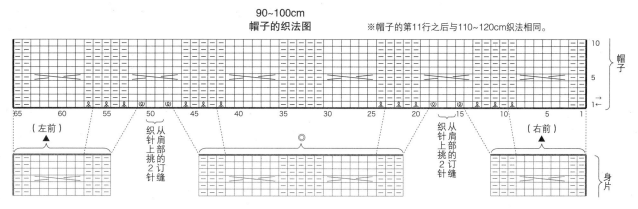

90~100cm
帽子的织法图

※帽子的第11行之后与110~120cm织法相同。

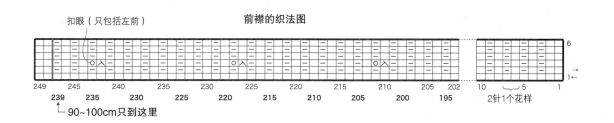

前襟的织法图

扣眼（只包括左前）

用线

Hamanaka Wanpakudenis
22 浅粉色（56）80g
23 浅粉色（56）150g

用具

22 Hamanaka Amiami棒针4根 6号 5号
　　扭花针
23 Hamanaka Amiami棒针4根 6号 5号
　　Hamanaka Amiami双头钩针RakuRaku 5/0号
　　扭花针

标准针数

上下针编织（10cm²）19针 26行
花样编织 1花样（10针）=4cm 26行=10cm

完成尺寸

22 头围44cm
23 身长32.5cm

编织方法

22

1.单罗纹编织起针，用单罗纹编织、上下针编织、花样编织制作帽子，
　结束后拧针收针。
2.制作绒球，安到帽子顶上。

23

1.同线锁针起针，用平针编织、上下针编织、花样编织制作斗篷。
2.继续用单罗纹编织制作领子。
3.进行缘编织。

23

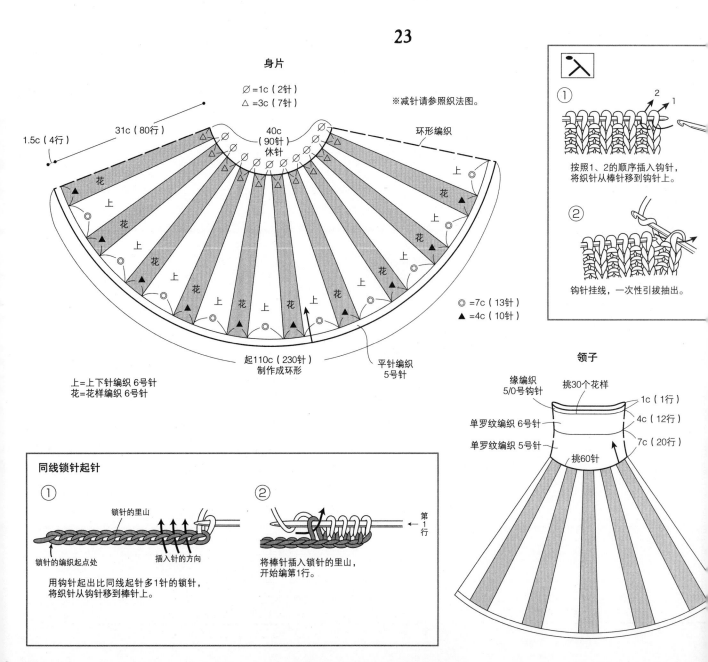

身片

∅ =1c（2针）
△ =3c（7针）

※减针请参照织法图。

31c（80行）
1.5c（4行）
40c
（90针）
休针
环形编织

花　上

◎ =7c（13针）
▲ =4c（10针）

起110c（230针）
制作成环形

平针编织
5号针

上＝上下针编织 6号针
花＝花样编织 6号针

①
按照1、2的顺序插入钩针，
将织针从棒针移到钩针上。

②
钩针挂线，一次性引拔抽出。

领子

缘编织
5/0号钩针
挑30个花样
1c（1行）
4c（12行）
单罗纹编织 6号针
单罗纹编织 5号针
7c（20行）
挑60针

同线锁针起针

①
锁针的里山
锁针的编织起点处
插入针的方向

用钩针起出比同线起针多1针的锁针，
将织针从钩针移到棒针上。

②
将棒针插入锁针的里山，
开始编第1行。
第1行

斗篷的织法图

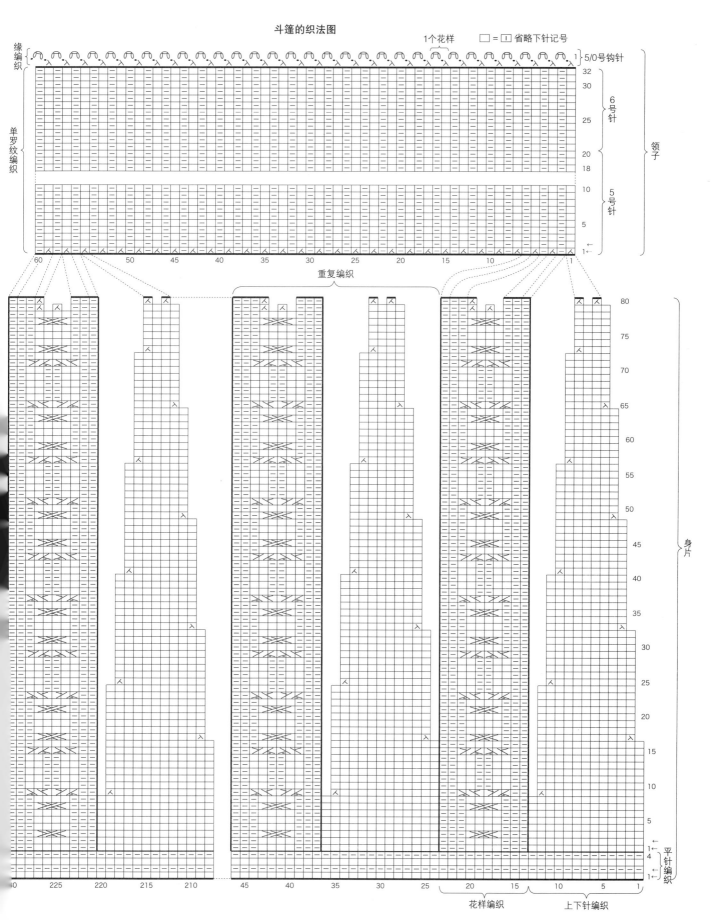

缘编织

单罗纹编织

领子

6号针

5号针

1个花样　□ = □ 省略下针记号　5/0号钩针

32 30 25 20 18 10 5 1←

重复编织

60 50 45 40 35 30 25 20 15 10 1

身片

80 75 70 65 60 55 50 45 40 35 30 25 20 15 10 5 1←

平针编织

上下针编织

花样编织

40 225 220 215 210 45 40 35 30 25 20 15 10 5 1

22

帽子

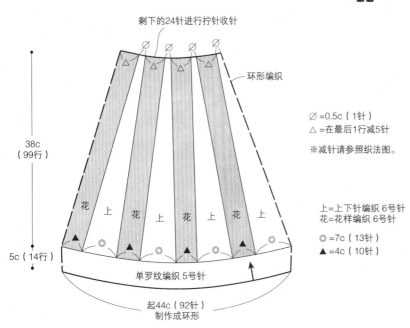

剩下的24针进行拧针收针

环形编织

38c
（99行）

5c（14行）

花 上 花 上 花 上 花 上

单罗纹编织 5号针

起44c（92针）
制作成环形

∅=0.5c（1针）
△=在最后1行减5针

※减针请参照织法图。

上=上下针编织 6号针
花=花样编织 6号针

◎=7c（13针）
▲=4c（10针）

收尾方法

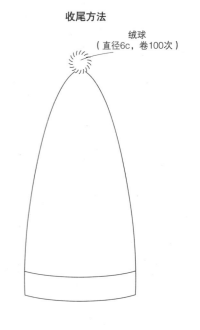

绒球
（直径6c，卷100次）

帽子的织法图

□=Ⅰ省略下针记号

重复编织

花样编织　　上下针编织

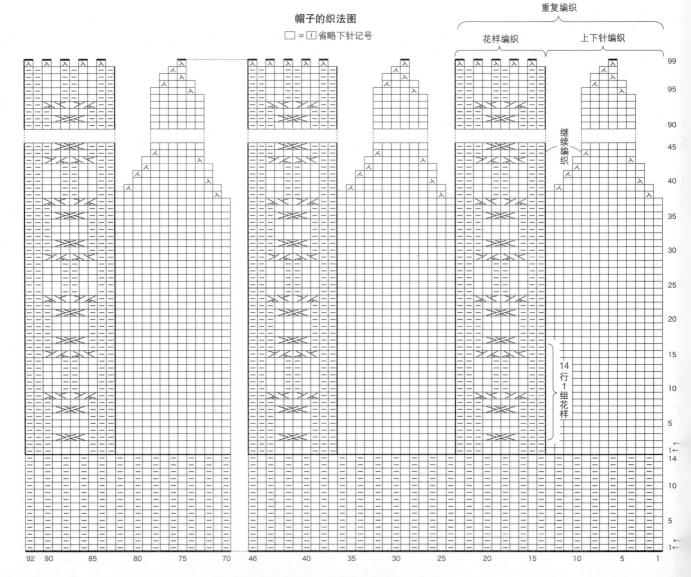

继续编织

14行1组花样

92 90　　85　　80　　75　　70　　46　　40　　35　　30　　25　　20　　15　　10　　5　　1

用线
Hamanaka Wanpakudenis
暗绿色（53）260g

用具
Hamanaka Amiami圆头棒针2根 7号
Hamanaka Amiami棒针4根 7号
Hamanaka Amiami双头钩针RakuRaku 5/0号
纽花针

标准针数
上下针编织（10cm²）18针 26行
花样编织A 1个花样（10针）=4cm 26行=10cm
花样编织B（10cm²）15.5针 26行

完成尺寸
身长43cm

编织方法
1.普通起针，用平针编织、花样编织A与B制作斗篷主体。从中途开始用往复编织。
2.继续用花样编织A、上下针编织制作帽子，编织终点用上下针订缝。
3.从身片、帽子挑针，进行平针编织，完成后伏针收针。
4.编织绳子，然后将其穿过帽子。
5.制作绒球，安在绳子的两端。

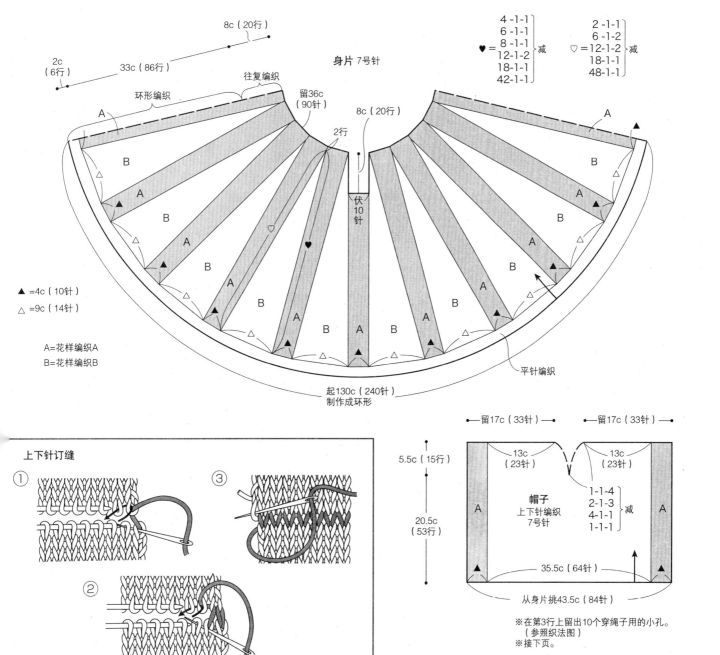

▲=4c（10针）
△=9c（14针）

A=花样编织A
B=花样编织B

上下针订缝

※在第3行上留出10个穿绳子用的小孔。
（参照织法图）
※接下页。

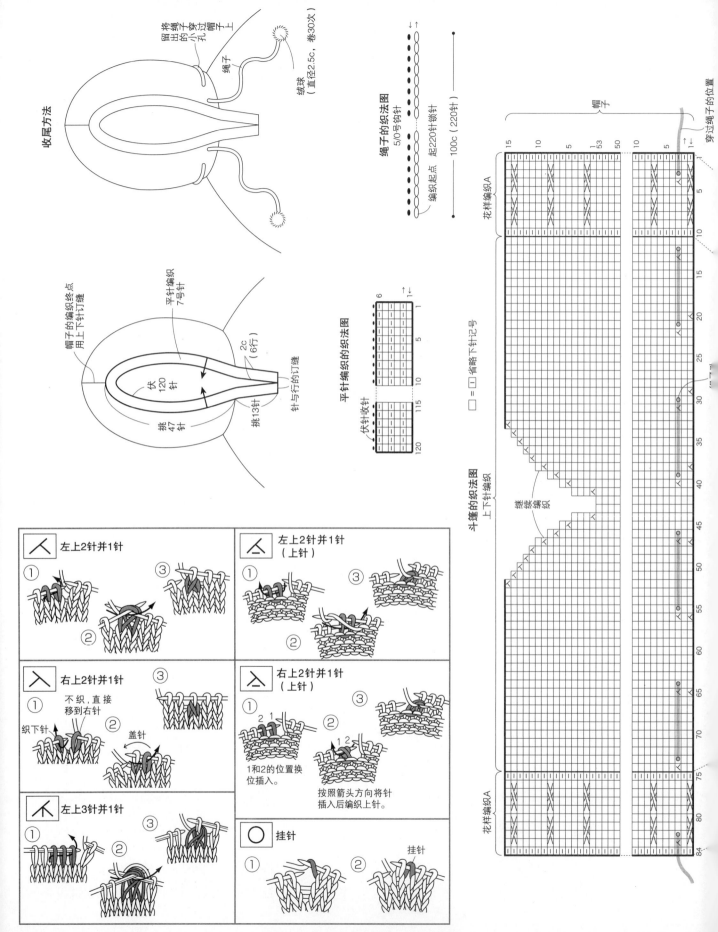

收尾方法

将绳子穿过帽子上

留出的小孔

绳子

绒球
（直径2.5c，卷30次）

绳子的织法图

5/0号钩针

↓↑

编织终点

编织起点 起220针锁针

100c（220针）

帽子的编织终点
用上下针订缝

平针编织
7号针

2c
（6行）

伏
120
针

挑
47
针

挑13针

针与行的订缝

平针编织的织法图

6　　　　1↑1↓

5

10

115

伏针收针　　120

斗篷的织法图
上下针编织

□=□ 省略下针记号

花样编织A

继续编织

花样编织A

帽子

穿过绳子的位置

人　左上2针并1针

①②③

人　左上2针并1针
（上针）

①②③

入　右上2针并1针

①不织，直接移到右针
织下针②盖针③

入　右上2针并1针
（上针）

①2 1②1 2③
1和2的位置换位插入。
按照箭头方向将针插入后编织上针。

木　左上3针并1针

①②③

○　挂针

①②挂针

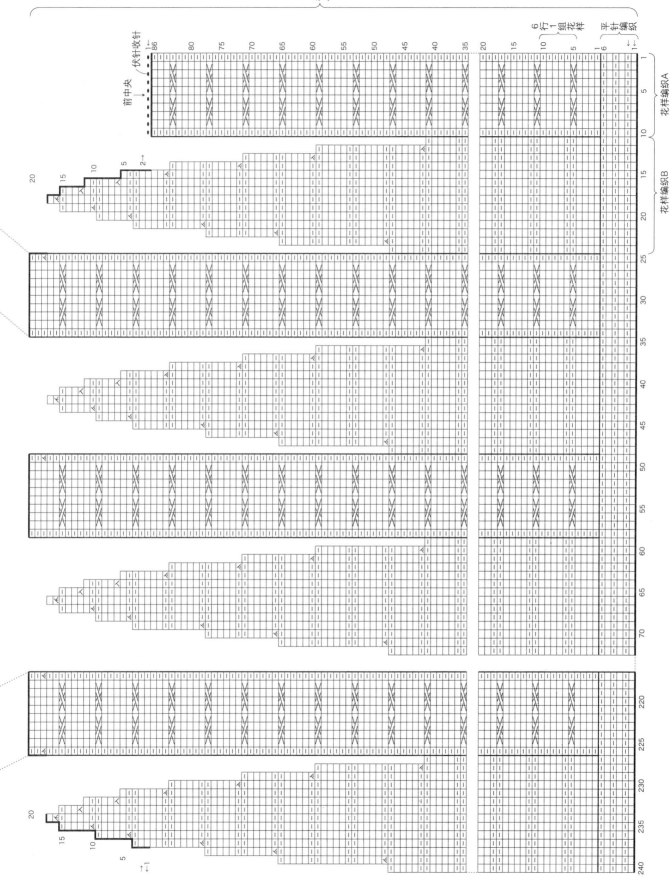

编织基础

起针
单罗纹编织起针

普通起针……P18

①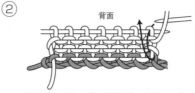

用另线松散地锁针编织，比所需针数多编织5针，将棒针插入锁针的里山，按照间隔1针的频率将线挑到棒针上。

※挑针的数量，

如果起针是偶数 $\frac{起针}{2}+1$

如果起针是奇数 $\frac{起针+1}{2}$

②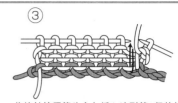

编织2行上下针（算上挑针则为3行），将右针按照箭头方向插入，然后编织上针。

③

将棒针按照箭头方向插入渡到第1行的线中，开始编织下针。

④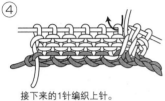

接下来的1针编织上针。

⑤

重复③、④步骤，最后将棒针按照箭头方向插入，编织上针。

⑥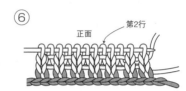

转到正面，开始进行单罗纹编织，此行即第3行。解开另线的锁针。

正面　第2行

另线起针

①

锁针的里山

锁针编织的起点　针的插入方向

用另线松散地锁针编织，比所需针数多编织5针。

②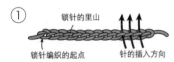

将棒针插入锁针的里山，编织第1行。

③

编织所需针数，这就是第1行。

※另线起针的挑针方法

①

一边解开另线的锁针，一边用棒针挑取织针。

②

将棒针插入织针中。

※环形起针

①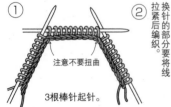

注意不要扭曲

3根棒针起针。

②

换针拉紧后的部分要将线

用第4根棒针编织。

编织符号

$\vert$ 下针……P36	$-$ 上针……P36	$\bigcirc$ 挂针……P36
$\diagup\!\!\diagup$ 右上2针并1针……P82	$\diagdown\!\!\diagup$ 右上2针并1针（上针）
$\diagup\!\!\diagdown$ 左上2针并1针……P82	$\diagup\!\!\diagup$ 左上2针并1针……P82

Ω 扭针

①  ②

将针插入上1行的织针中，扭转织针后编织下针。

Ω 扭加针（下针）

① ②

拉起上1行的横向渡线，将针插入织针中，扭转织针后编织下针。

※看着背面编织的扭针，实际要编织扭针（上针）。

∨ 滑针

① ②

将右针按照箭头方向插入左针的织针上，不编织直接移动。

将线渡到另一侧，编织下1针。

Ω 扭针（上针）

①  ②

将针插入上1行的织针中，扭转织针后编织上针。

Ω 扭加针（上针）

①  ②

拉起上1行的横向渡线，将针插入织针中，扭转织针后编织上针。

※看着背面编织的扭针（上针），实际要编织扭针。

∨ 浮针

① 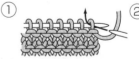 ②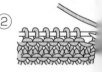

将线从近到另一侧织下一针

将线放在右针的近前，按照箭头方向把右针插入到左针的织针上，不编织直接移动。

③

在移动近针的近前放上渡线后的浮针完成了。

※扭针和扭加针用相同记号表示。在织法图中，如果针数有增加就是扭加针，没有增加就是扭针。

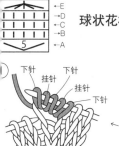

球状花样

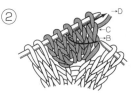 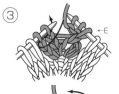

从第1针开始交替编织上针和挂针，共编织5针。

下针 下针
挂针
挂针
下针

编织出的5针用上下针编织3行，按照箭头方向将针插入右侧的3针中，然后移动到右针。

按照箭头方向将右针插入到剩下的2针中，2针并1针的编织下针。

将移动到右针的3针，盖在2针并1针的织针上。

有5针下针的球形花样完成。

⋓ 卷针

左端的卷针

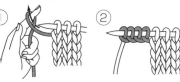

① ② ③

按照箭头方向用左手指在左端挑线，从手上放开后，在棒针上拉紧，卷在棒针上的织针就形成起针。

下1行的第1针如图编织。

右端的卷针

① ② ③

按照箭头方向用右手指在右端挑线，从手上放开后，在棒针上拉紧，卷在棒针上的织针就形成起针。

下1行的第1针如图编织。

✕✕ 左上2针交叉

4 3　2 1

用扭花针挑取1和2，另一侧休针。

②

4 3

按照3、4的顺序编织下针。

1 4
2 3

按照1、2的顺序将休针在扭花针上的织针编织下针。

④

2 1 4 3

左上2针交叉完成。

✕✕ 右上2针交叉

①

4 3　2 1

用扭花针挑取1和2，近身侧休针。

②

4 3 2 1

按照3、4的顺序编织下针。

③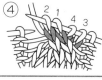

1 2 4 3

按照1、2的顺序将休针在扭花针上的织针编织下针。

④

2 1 4 3

右上2针交叉完成。

交叉编织的应用

在交叉编织中，也有2针以上的交叉，而且不限于交叉相同的针数。各种各样的交叉包括：1针和2针交叉、一侧上上针交叉、扭花针的交叉。从交叉记号的下方读取该记号表示的编织方法。

例：实线是上侧的织针

3　2　1

横线表示上针编织

用扭花针取1、2，在近身侧休针，先编织3的上针，然后按休针的1、2顺序编织下针。

针 | **伏针收针**……P60 | **拧针收针**……P44

罗纹编织收针（往复编织时）

1根为收针尺寸3~3.5倍长的线，穿到金尾针上。

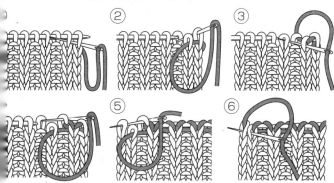

② ③

⑤ ⑥

重复③~④的步骤。

单罗纹编织收针（环形编织时）

剪下1根为收针尺寸3~3.5倍长的线，穿到金尾针上。

①  ②  ③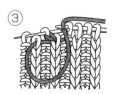

④  ⑤  ⑥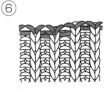

重复③~④的步骤。

嵌入花样

科维昌编织法
用下针编织的一行

不向织片背面渡线的嵌入花样编织方法。
用底线编织时，在织片正面捆绑配色线进行编织；用配色线编织时，在织片背面捆绑底线进行编织。捆绑线进行编织时，织针容易散，如果背面的线过于松散，正面也会看出来，所以要特别注意。

① 织到花样的位置时，添加配色线。如图所示，将2根线勾在手上。

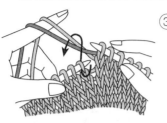

② 按照箭头方向将针插入，通过配色线的上方勾住底线，编织下针。

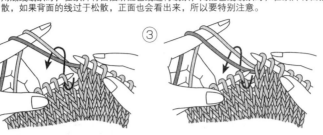

③ 下1针，按照箭头方向将针插入，通过配色线的下方勾住底线，编织下针。

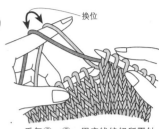

④ 重复②、③，用底线编织所需针数。接下来，用配色线编织时，底线和配色线交换位置重新勾在左手上。

⑤ 底线和配色线变换了位置。按照箭头方向将针插入，通过底线的上方勾住配色线，编织下针。

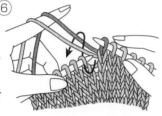

⑥ 下1针，按照箭头方向将针插入，通过底线的下方勾住配色线，编织下针。

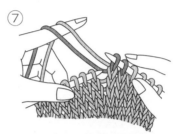

⑦ 重复⑤、⑥，用配色线编织所需针数后，再换线重新勾在左手上，编织底线。线的捆绑方法每1针都相互变换，同时按照花样变换底线和配色线编织下针。

用上针编织的一行

⑧ 编织第1针时，将底线交叉到近前，将配色线挪到上方，用底线编织上针（这时，注意不要让配色线过于松散而影响正面）。

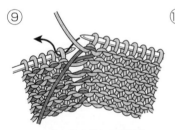

⑨ 下1针，将底线交叉到近前，配色线挪到下方，用底线编织上针。

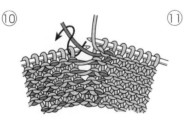

⑩ 重复⑧、⑨，用底线编织所需针数后，将底线挪到上方，用配色线编织上针。

⑪ 下1针，将配色线交叉到近前，底线挪到下方，用配色线编织上针。重复⑩、⑪，用配色线编织所需针数后，再用底线编织。

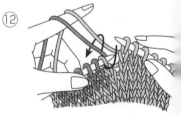

⑫ 翻至正面，编织花样第1针时，按照箭头方向将针通过配色线的下方，编织下针（这时，注意不要让配色线过于松散而影响正面）。

手套大拇指的织法

① 在大拇指的位置编入另线。

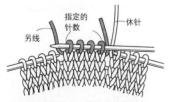

另线　　指定的针数　　休针

用另线编织大拇指位置的织针。

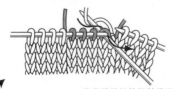

将另线编织的织针移回到左针上，用留出的线再编织1次。

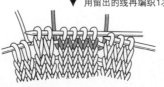

② 拽出另线，然后进行挑针。

拽出另线

●=挑针的位置
↖=将针与针之间的线扭加针的方法编织

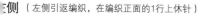

引返编织
织边留针的引返编织

左侧（左侧引返编织，在编织正面的1行上休针）

例：←减行

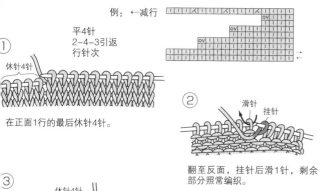

平4针
2-4-3引返
行针次

① 休针4针

在正面1行的最后休针4针。

② 滑针 挂针

翻至反面，挂针后滑1针，剩余部分照常编织。

③ 滑针 休针4针 挂针

翻至正面，包括前1行的滑针一共休针4针。

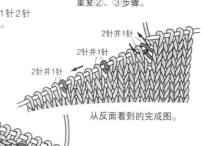

④ 滑针 挂针 滑针 挂针

重复②、③步骤。

⑤ 挂针和下1针2针并1针编织。

2针并1针
2针并1针
2针并1针

从反面看到的完成图。

右侧（右侧引返编织，在编织反面的一行上留针）

例：→减行

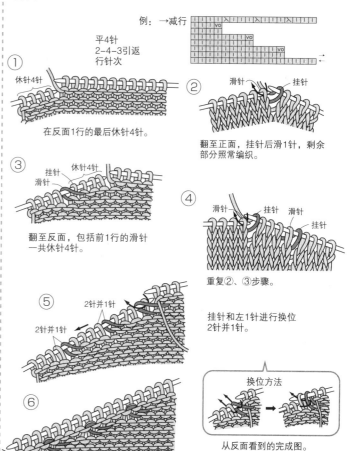

平4针
2-4-3引返
行针次

① 休针4针

在反面1行的最后休针4针。

② 滑针 挂针

翻至正面，挂针后滑1针，剩余部分照常编织。

③ 挂针 休针4针 滑针

翻至反面，包括前1行的滑针一共休针4针。

④ 滑针 挂针 滑针 挂针

重复②、③步骤。

⑤ 2针并1针 2针并1针

挂针和左1针进行换位2针并1针。

⑥

换位方法

从反面看到的完成图。

衣兜的织法

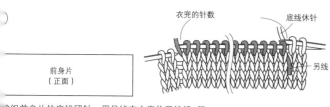

衣兜的针数 底线休针

另线

前身片（正面）

编织前身片的底线留针，用另线在衣兜位置编织1行。

② （正面）

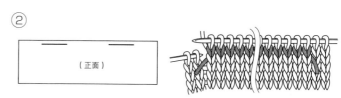

用休针的底线重新编织1次衣兜的位置，就这样一直将前身片编织到最后。

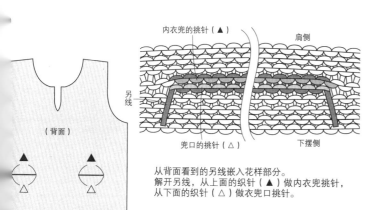

内衣兜的挑针（▲） 肩侧

另线

兜口的挑针（△） 下摆侧

（背面）

从背面看到的另线嵌入花样部分。
解开另线，从上面的织针（▲）做内衣兜挑针，从下面的织针（△）做衣兜口挑针。

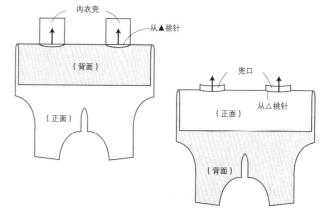

内衣兜 从▲挑针

（背面）

（正面）

兜口 从△挑针

（正面）

（背面）

编织符号

锁针……P47	长针的正拉针……P51	
短针……P53	小链针……P42	
中长针……P53	中长针3针的变化枣形针……P46	
长针……P38	中长针2针的变化枣形针……P46	

引拔针

① 按照箭头方向将针插入。　② 一次性引拔抽出。

长长针

4针立锁针
基础针

线在针尖绕2圈，然后按照箭头方向将针插入。

② 按照箭头方向，使挂住的线穿过钩针上的2个线圈，重复这个步骤。

③　④　⑤

短针1针分2针

① 编1针短针。

② ③ 在同1针上再编1针短针。

※同样的，⚓ 是在同1针上编织3针短针。

长针1针分2针

① 编1针长针。

② 在同1针上再编1针长针。

③

※同样的， 是在同1针上编织3针长针。

短针2针并1针

① 编2针未完成的短针。

② ③ 一次性引拔抽出。

※同样的，⚙ 是将未完成的3针短针一次性抽出。

长针2针并1针

① 编2针未完成的长针。

② 一次性引拔抽出。

③

※同样的，⋀ 是将未完成的3针长针一次性引拔抽出，⋀ 是将未完成的2针中长针一次性引拔抽出。

※ "未完成" 是指只要再引拔抽出1次就能完成的织针（短针或长针等）。

长针3针的枣形针

① ② 在上1行相同的织针处编织3针未完成的长针。

③ ④ 一次性引拔抽出

※同样的， 是将未完成的2针长针一次性抽出。

订缝连接
锁针与引拔针的订缝……P39　　**卷针接缝**……P50

锁针与引拔针的接缝

① ②

将织片叠在一起，用引拔针和锁针进行接缝。

整行挑针

在从上1行的锁针进行挑针时，按照箭头方向插入钩针，然后将挑出的针法叫做"整行挑针"。上1行为锁针的情况，基本都采取整行挑针。

渡线……P53

其他

手缝法
包缝

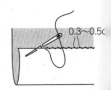

0.3～0.5c

绒球的制作方法……P44

钉缝纽扣……P55